【唐】大袖衫

〔唐〕对襟衫+齐胸褶裙

【唐】坦领＋交窬裙

【唐】圆领袍

【宋】抹胸 + 褙子 + 宋裤

【明】交领袄+马面裙

【明】立领袄 + 马面裙

【明】立领长袄+马面裙

汉服制作专业图解教程

刘西西 编著

人民邮电出版社
北京

图书在版编目（CIP）数据

汉服制作专业图解教程 / 刘西西编著. -- 北京 :
人民邮电出版社, 2022.11
ISBN 978-7-115-57879-2

Ⅰ. ①汉… Ⅱ. ①刘… Ⅲ. ①汉族－民族服装－服装
设计－教材 Ⅳ. ①TS941.742.811

中国版本图书馆CIP数据核字(2021)第229677号

内容提要

这是一本汉服制作的基础教程，本书的编写目的是让读者掌握汉服制版、裁剪和缝纫的技能。

全书共6章，第1章讲解了汉服制作前的准备工作，包含汉服尺寸的基础知识、制版的基本方法和一些基本的缝纫技法；第2章至第6章则通过17个案例，详细讲解了汉服中的抹胸、交领汗衫、改良衬裤、马面裙、一片式褶裙、交窬裙、改良宋裤、对襟衫、褙子、大袖衫、坦领、交领短袄、立领对襟短袄、竖领片襟长袄、圆领袍、直领披风和改良斗篷从制版到缝纫的全过程，一步步教授大家如何完成一款汉服的制作。书中案例均有详细的尺寸图和缝制示意图，讲解清晰，零基础的读者也可以跟着操作，制作出属于自己的一套汉服。

本书图文并茂，浅显易懂，不仅适合从事服装设计、服装工艺设计、服装裁剪工艺和服装制作的从业人员使用，也适合大中专院校服装专业的学生使用。

◆ 编　　著　刘西西
责任编辑　王　铁
责任印制　周昇亮
◆ 人民邮电出版社出版发行　　北京市丰台区成寿寺路 11 号
邮编　100164　　电子邮件　315@ptpress.com.cn
网址　https://www.ptpress.com.cn
涿州市般润文化传播有限公司印刷
◆ 开本：787×1092　1/16　　彩插：4
印张：8　　2022 年 11 月第 1 版
字数：203 千字　　2025 年 2 月河北第 9 次印刷

定价：79.90 元

读者服务热线：(010)81055296　印装质量热线：(010)81055316
反盗版热线：(010)81055315

目录

CONTENTS

01

第1章　汉服制作前的准备工作

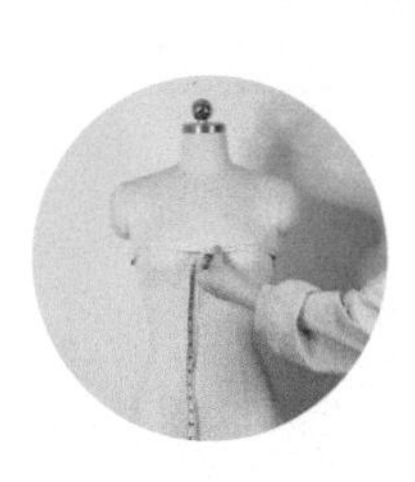

1.1 汉服尺寸的基础知识……07

1.1.1 常用的量取方法……07

1.1.2 汉服的标准人体参考尺寸……08

1.1.3 上衣的放松量、通袖长和摆围……08

1.2 制版的基本方法……09

1.2.1 制版的工具……09

1.2.2 抹胸的制版方法……10

1.2.3 对襟衫的制版方法……11

1.3 基本缝纫方法……13

1.3.1 常用工具……13

1.3.2 机缝的基本技法……17

1.3.3 手缝的基本技法……21

1.3.4 布料预处理、排料和裁剪……27

02

第2章　内衣、衬衣和衬裤的款式

2.1 抹胸……34

2.1.1 款式设计和制版……34

2.1.2 放缝、排料与裁剪……35

2.1.3 缝制方法……35

2.2 交领汗衫……37

2.2.1 款式设计和制版……37

2.2.2 放缝、排料与裁剪……38

2.2.3 缝制方法……38

2.3 改良衬裤……44

2.3.1 款式设计和制版……44

2.3.2 放缝、排料与裁剪……45

2.3.3 缝制方法……45

03

第 3 章　下装的款式

3.1 马面裙 …… 51

3.1.1 款式设计和制版 …… 51

3.1.2 放缝、排料与裁剪 …… 52

3.1.3 缝制方法 …… 53

3.2 一片式褶裙 …… 60

3.2.1 款式设计和制版 …… 60

3.2.2 放缝、排料与裁剪 …… 61

3.2.3 缝制方法 …… 61

3.3 交窬裙 …… 63

3.3.1 款式设计和制版 …… 63

3.3.2 放缝、排料与裁剪 …… 64

3.3.3 缝制方法 …… 64

3.4 改良宋裤 …… 66

3.4.1 款式设计和制版 …… 66

3.4.2 放缝、排料与裁剪 …… 67

3.4.3 缝制方法 …… 67

04

第 4 章　上衣单衫的款式

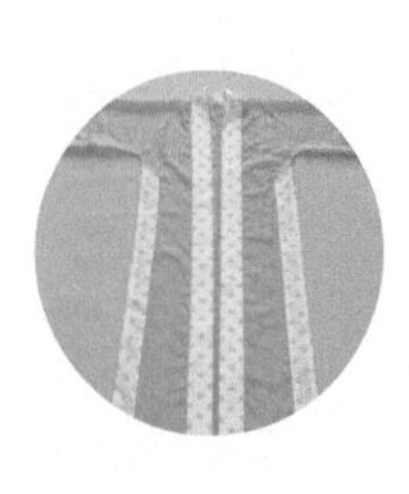

4.1 对襟衫 …… 76

4.1.1 款式设计和制版 …… 76

4.1.2 放缝、排料与裁剪 …… 77

4.1.3 缝制方法 …… 77

4.2 褙子 …… 83

4.2.1 款式设计和制版 …… 83

4.2.2 放缝、排料与裁剪 …… 84

4.2.3 缝制方法 …… 84

4.3 大袖衫 …… 87

4.3.1 款式设计和制版 …… 87

4.3.2 放缝、排料与裁剪 …… 88

4.3.3 缝制方法 …… 88

4.4 坦领……89
4.4.1 款式设计和制版……89
4.4.2 放缝、排料与裁剪……90
4.4.3 缝制方法……90

05

第5章 上衣袄的款式

5.1 交领短袄……96
5.1.1 款式设计和制版……96
5.1.2 放缝、排料与裁剪……97
5.1.3 缝制方法……98
5.2 立领对襟短袄……105
5.2.1 款式设计和制版……105
5.2.2 放缝、排料与裁剪……106
5.2.3 缝制方法……106
5.3 竖领片襟长袄……111
5.3.1 款式设计和制版……111
5.3.2 放缝、排料与裁剪……112
5.3.3 缝制方法……113

06

第6章 其他款式

6.1 圆领袍……117
6.1.1 款式设计和制版……117
6.1.2 放缝、排料与裁剪……118
6.1.3 缝制方法……118
6.2 直领披风……121
6.2.1 款式设计和制版……121
6.2.2 放缝、排料与裁剪……122
6.2.3 缝制方法……122
6.3 改良斗篷……124
6.3.1 款式设计和制版……124
6.3.2 放缝、排料与裁剪……125
6.3.3 缝制方法……125

第1章 汉服制作前的准备工作

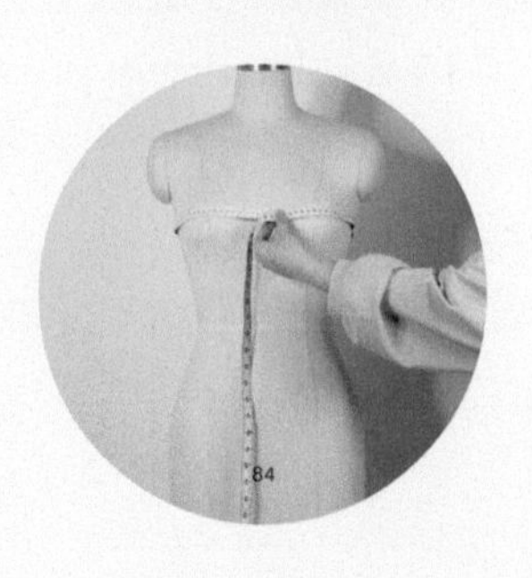

在制作汉服之前，要做好一切准备工作。量体是获取数据的基础，是制版工作的支撑。要做出合体的汉服，量体是必不可少的步骤。之后是具体的制版工作。制版是将衣服以数据图的方式表现出来，制版时应加入缝份。制版后就可以把布片按 1：1 的比例进行裁剪，继续完成制衣的工作。最后是添加一些工艺，好的工艺是一件汉服的精髓。工艺可以让汉服成品更加板正，能体现汉服的美，提升服装细节的质感。初学者一定要勤加练习一些基本技法，这样才能制作出精致美丽的汉服。

1.1 汉服尺寸的基础知识

无论是制作汉服还是汉元素服装，或者是其他服装，都离不开测量与获取数据，这是制作服装的基础。量取尺寸需要有卷尺、纸和笔。制作汉服时需要的数据不多，比起西式服装，汉服整体很宽松，所以需要测量的部位也比较少。

1.1.1 常用的量取方法

为了得到准确的数据，被测量者应穿着贴身的内衣或紧身衣进行测量。测量者要站在被测量者的斜对面，按照下面的顺序，边测量边记录。

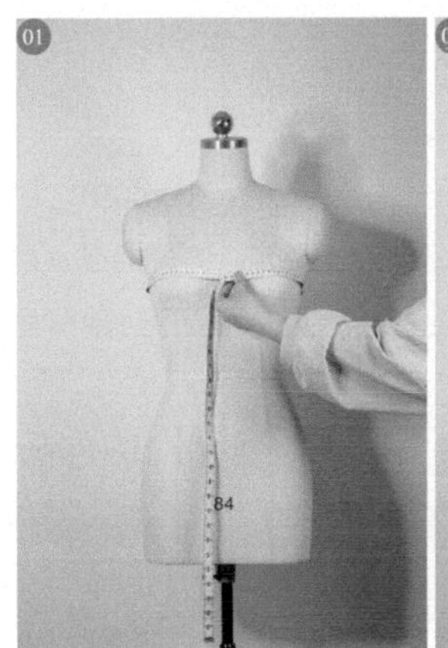

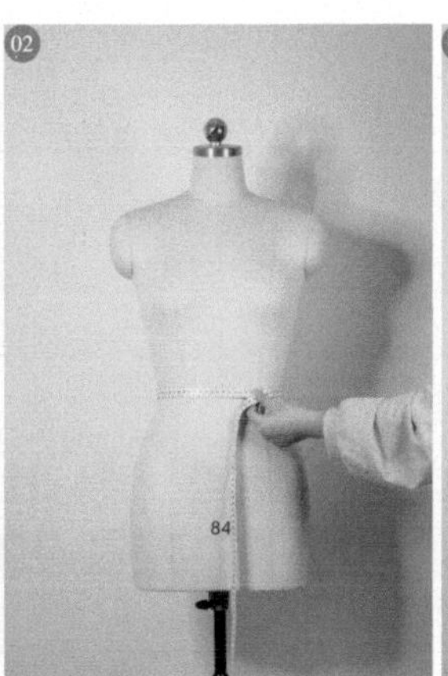

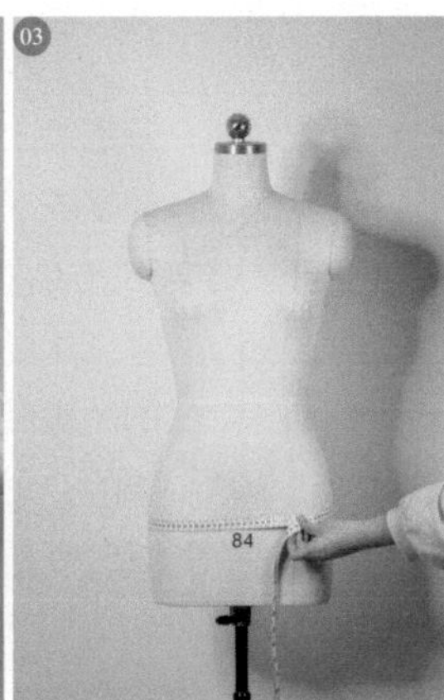

01 胸围

在胸高点的位置用卷尺水平围量一周。

02 腰围

在腰部最细处用卷尺水平围量一周。

03 臀围

在臀部最丰满处用卷尺水平围量一周。

04 头围　在额头经后脑勺围量一周。

颈围　在脖颈中部围量一周。在制作立领服装时常用到此数据。

颈根围　在脖颈根部围量一周，注意应经过前、后、侧颈点。

身高　从头顶开始垂直向下量至后脚跟。

通袖长　从后颈点经过肩端点量至手腕关节的长度的 2 倍。

05 裙长 / 裤长　从腰节线往下量至脚跟。

衣长　一般指上衣长，从后颈点往下量至理想的位置。

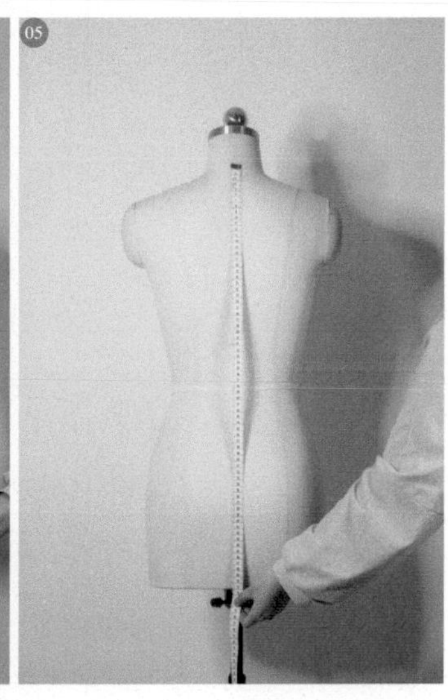

1.1.2 汉服的标准人体参考尺寸

在制作服装时，有可能没有条件获得被测量者的数据，可以先依据标准人体参考尺寸制版，制版之后再通过增加、减少一些数值来获得更多的型号。

男装的标准人体参考尺寸（ 170/92A ）

胸围	腰围	臀围	头围	颈围	身高	通袖长	裙长 / 裤长	衣长
92cm	78cm	92cm	58cm	40cm	170cm	160cm	103cm	75cm

女装的标准人体参考尺寸（ 160/84A ）

胸围	腰围	臀围	头围	颈围	颈根围	身高	通袖长	裙长 / 裤长	衣长
84cm	68cm	90cm	56cm	34cm	36cm	160cm	145cm	98cm	65cm

1.1.3 上衣的放松量、通袖长和摆围

在制作汉服上衣时，有三个数据较重要，分别是上衣的放松量、通袖长和摆围。

上衣的放松量：在人体净胸围的基础上，根据需求加放的一定余量。一般来说，放松量为 6~8cm，制作出的上衣是紧身型的，该尺寸可用于制作打底汗衫。放松量为 8~10cm，制作出的上衣为合体型的，该尺寸可用于制作普通夏季单衫。放松量在 14cm 以上，则做出的上衣为宽松款的，该尺寸可用于制作有里布或夹棉的袄类等。具体放松量可以具体款式的制版图为参考。

上衣的通袖长：一般袖子长度到达手掌中部的，则可制作汗衫、劳作服。袖子长度超过中指 15~20cm 的，则可制作上袄等常服。袖子长度超过中指 25cm 的，则可制作礼服等。具体通袖长可以具体款式的制版图为参考。

上衣的摆围：上衣的摆围有个很简单的确定方法，具体如下。

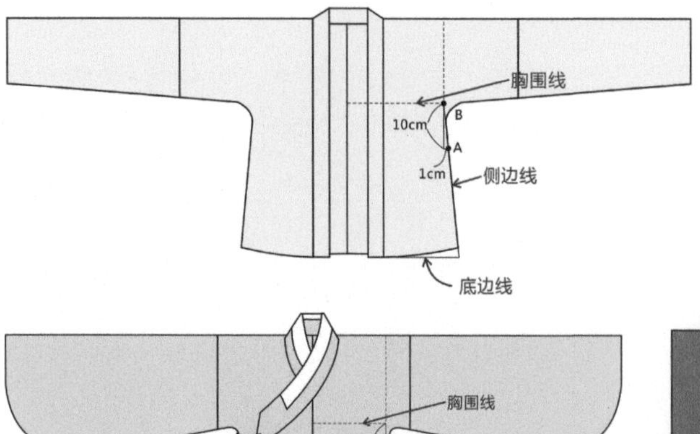

在胸围线右端往下做 10cm 长的垂线，再往右做垂线，定一条扩充线，一般为 1~3cm。将 A 点与 B 点相连，并使该线与底边交汇，就可以得到侧边线。一般扩充线越短，摆围越窄，越适合做贴身的衣服；扩充线越长，摆围越宽，越适合做宽松的衣服。

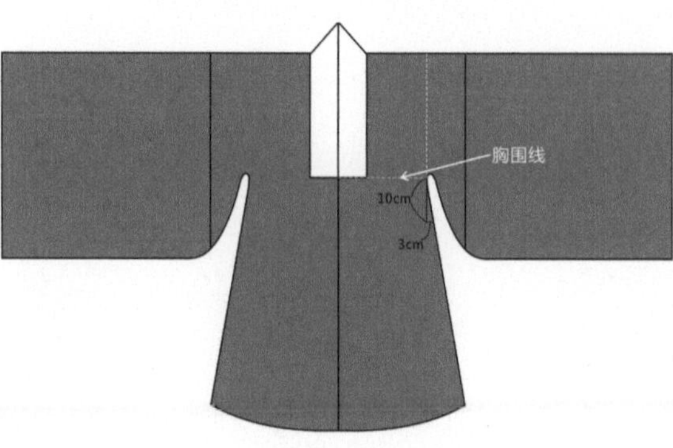

一般打底汗衫、对襟衫等一些劳作服的扩充线为 1cm；明制短袄类服装的扩充线为 3cm。

1.2 制版的基本方法

制版的方法非常简单，有一定的操作顺序，只要按照正确的绘制顺序，就可以画出每个款式的制版图。本节将讲解制版的工具以及抹胸和对襟衫的制版方法，希望大家可以举一反三，按照这些方法进行具体操作。

1.2.1 制版的工具

1. 打版纸：打版纸没有很严格的要求，挂历纸、牛皮纸、半透明白纸等都可以的，用 A4 纸进行拼接也是可以的。我平时使用的是 45g 的打版纸，这种纸是半透明的。

2. 卷尺：可用于测量尺寸。

3. 放码尺：放码尺可用于制版绘制，还能很方便地增加缝份。

4. 笔：包括铅笔、彩笔等，可用于制版绘制。

5. 剪刀：可用来裁剪纸样。

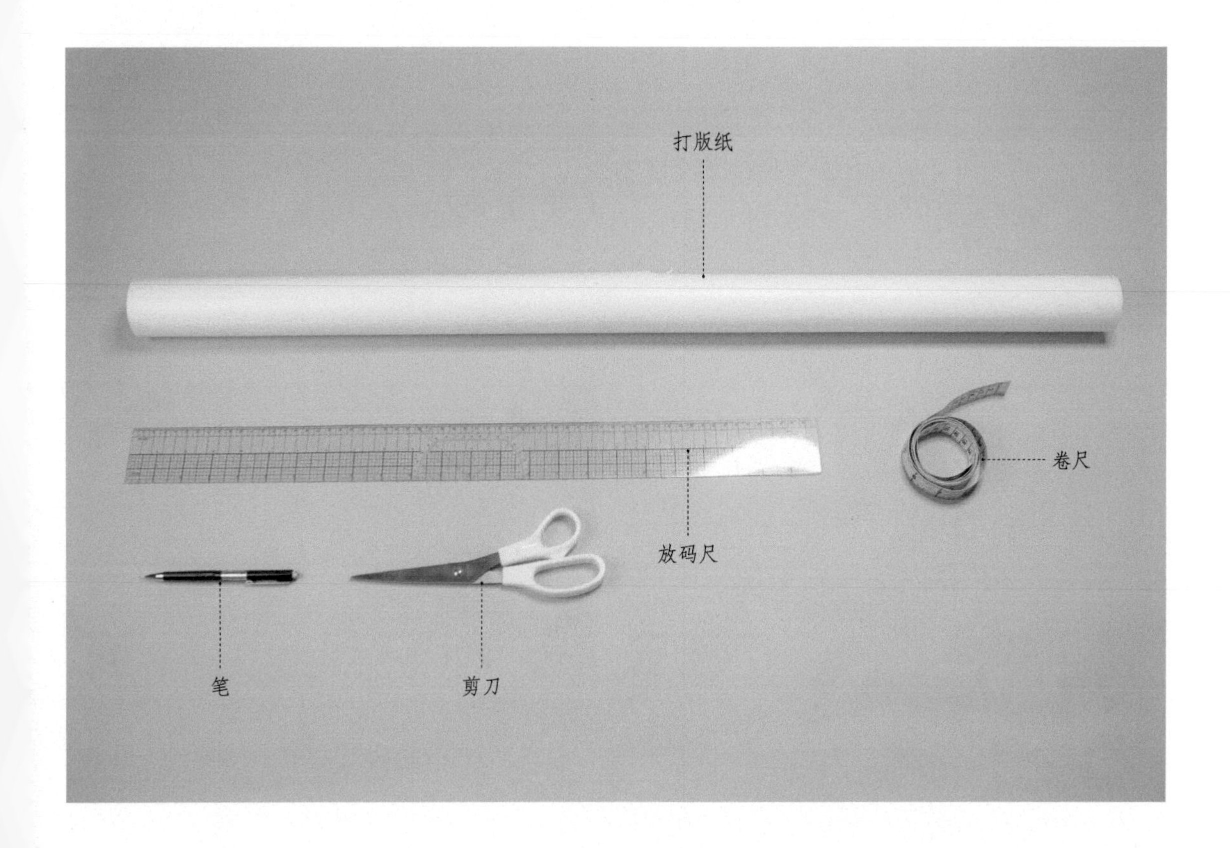

1.2.2 抹胸的制版方法

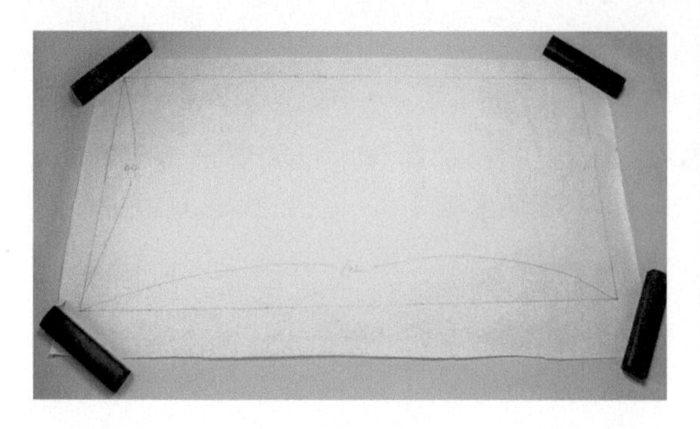

01 准备一张 120cm × 70cm 的打版纸。先画出基准线和 44cm 的衣长线。然后画出胸围线，长 102cm。

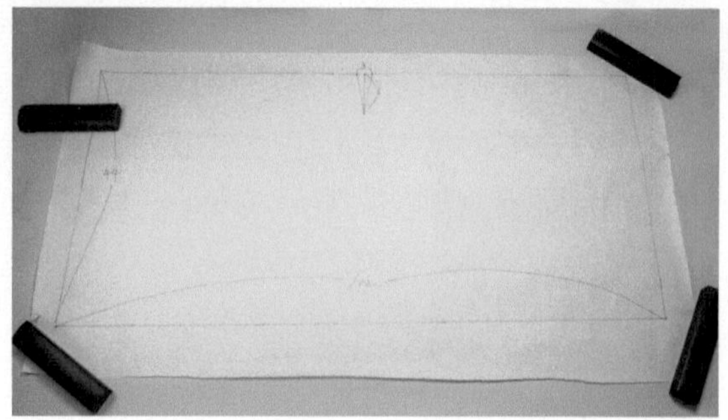

02 取上平线中点，向下做垂线，长 8cm。

03 画出 3cm 褶宽，画出褶长，绘制出褶子。

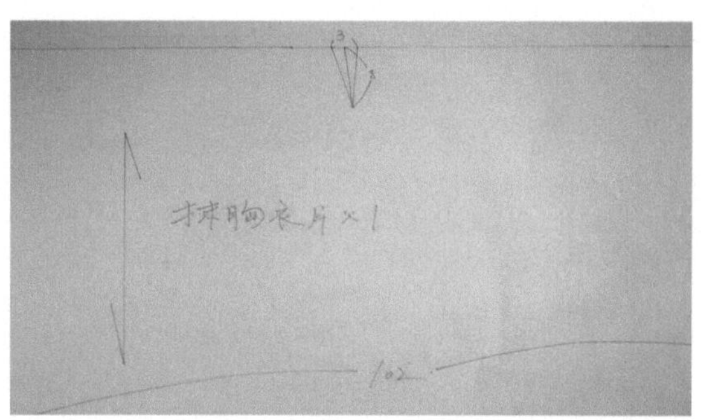

04 写上衣片名称和裁片数量，绘制布纹线。布纹线一般平行于衣长线。

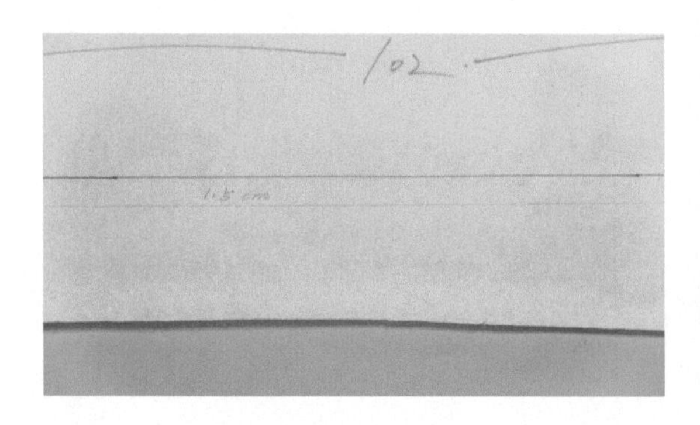

05 按照排料图绘制出缝份，一般默认宽 1.5cm。

06 沿着缝份边缘裁剪出所有纸样，制版工作就完成了。

1.2.3 对襟衫的制版方法

对襟衫的制版方法，我采用计算机图解步骤的方法示范，大家在制版的时候，可以采用 1.2.2 小节抹胸的手绘制版方法来制版，也可以通过 CAD 软件在计算机上制版。

下面以 S 码对襟衫为例制图，图所示的数据为 S/M/L 三个码的制版数据。浅蓝色为 S 码的数据，蓝色为 M 码的数据，橙色为 L 码的数据。

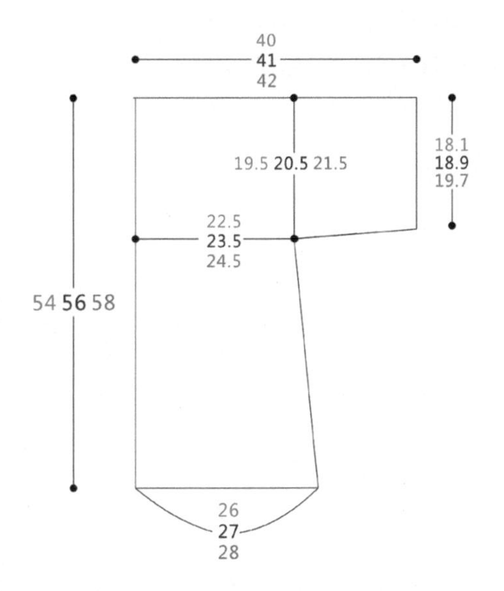

01 画基准线，上平线长 40cm，衣长线长 54cm，做纵向线。

胸围线：由上平线往下做长 19.5cm 的垂线，从止点向左画水平线，即胸围线，胸围线长度为 22.5cm。

接袖线：由上平线右端往下画垂线，长为 18.1cm，并连接胸围线，连成的线为接袖线。

底边线：在下平线（下平线对应上平线，即最下面那条水平线）上量出 26cm，该线则为底边线。由底边线右端向上连接胸围线，连成的线为侧缝线。

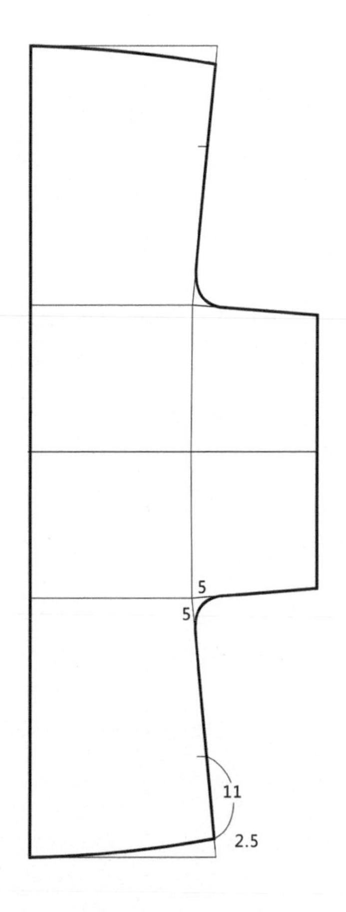

02 在底边线右侧往上 2.5cm 处做标记，按图示画顺弧线。

在新的侧缝线上往上量出 11cm，画出开衩止点标记。

在新的侧缝线的腋下部分各往外量出 5cm，按图示画顺弧线。

衣片轮廓画好后，以上平线为中心，画出衣片轮廓对称的另一边。

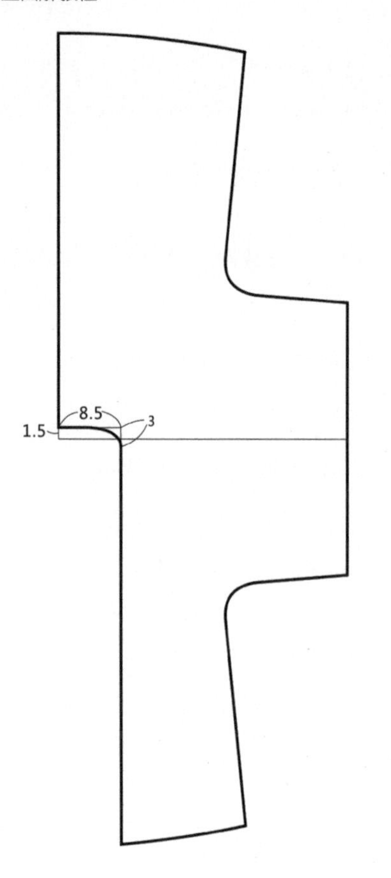

03 在原上平线往左的衣片上画出领宽，长 1.5cm，做衣长线的垂线，绘制领长，长 8.5cm。由领长往下做垂线，直至底边线。在自领长往下 3cm 处按照图示修顺领窝线。画黑加粗的轮廓就是绘制好的衣片的版图，其他纸样也是如此绘制的。

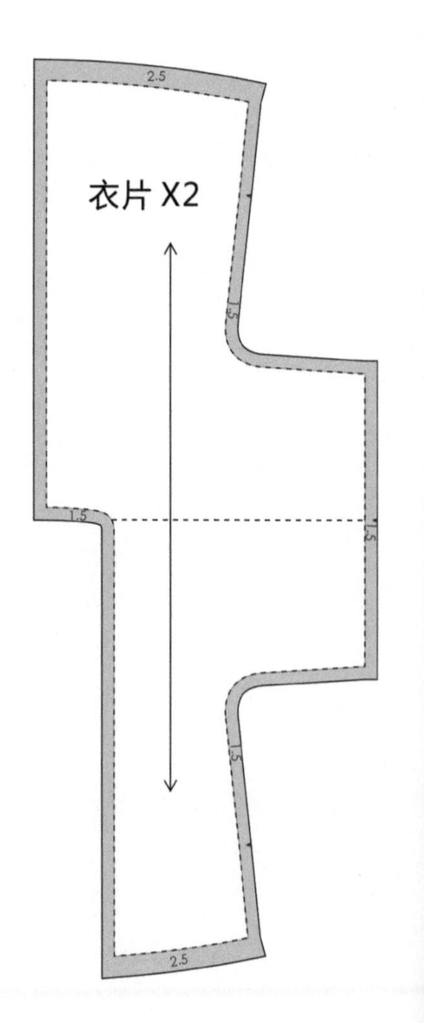

04 按照排料图，在衣片周围绘制一圈缝份，并标注好衣片名称、裁剪份数和布纹线，完整的板型就绘制完成了。

1.3 基本缝纫方法

俗话说，“工欲善其事，必先利其器”。准备基本的工具和熟悉缝纫方法是制作服装必不可少的环节。只要配备好基础的缝纫工具，掌握基本的缝纫方法，就可以制作出各式各样的服装款式。望读者能够多多练习，不断提高制作效率和服装品质。

1.3.1 常用工具

【缝纫设备】

1. 缝纫机：缝纫机是缝纫中重要的设备，可以提高缝纫效率，缩短缝纫时间。如果预算有限，也可以选择手工缝纫。

2. 锁边机：又叫包缝机，能起到修整缝边、使缝边整洁、防止织物脱线的作用。一般使用四线锁边机，这种机型能够使缝纫和包边同时进行。锁边机并不是必备的工具，因为在制作汉服时可以通过变化缝型、包边和贴边的方法收边，但是使用锁边机可以缩短缝纫时间、提高效率。

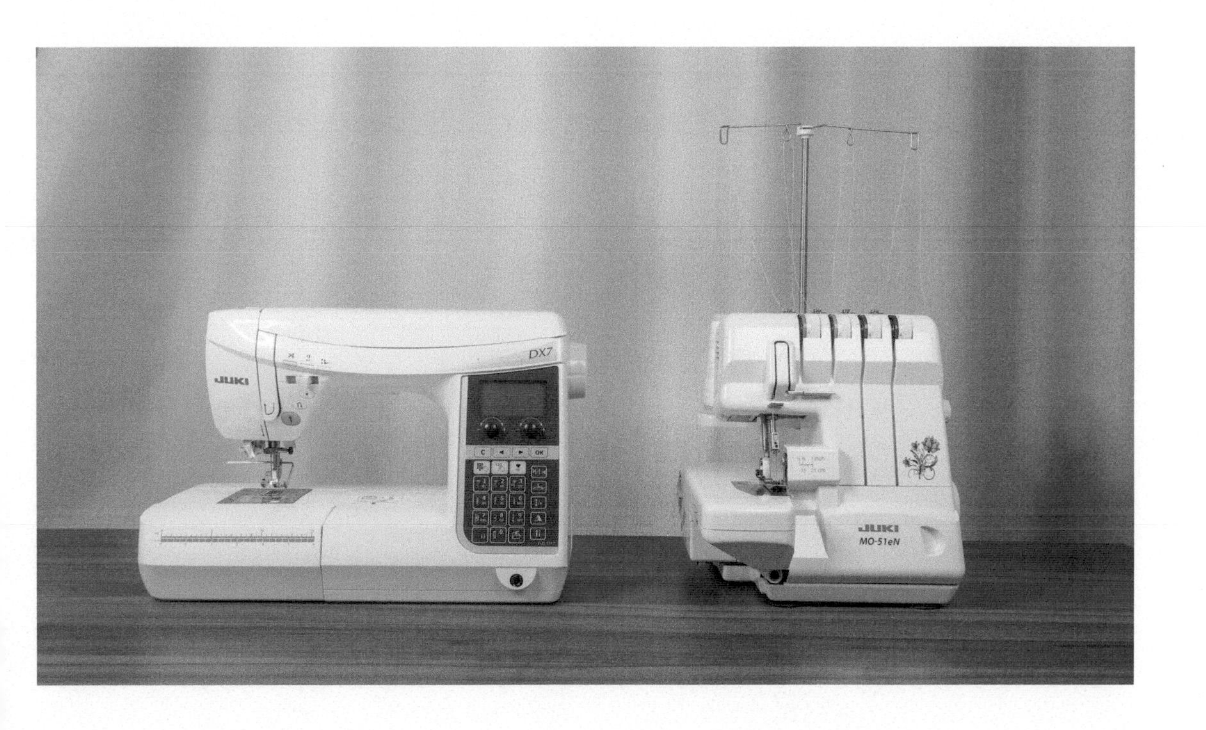

【手缝工具】

1. 手缝针：用于手工缝纫。

2. 顶针：可以在手工缝纫时保护中指，在缝制一些密实布料的时候，起到推针穿入的作用。

3. 珠针：在缝份过程中有临时固定的作用。

4. 插针包：用于收纳珠针和手缝针，在用针、取针、储存针的时候很方便。

5. 磁铁吸针盒：用于收纳珠针和手缝针，用吸铁石收纳针，使用比较方便。

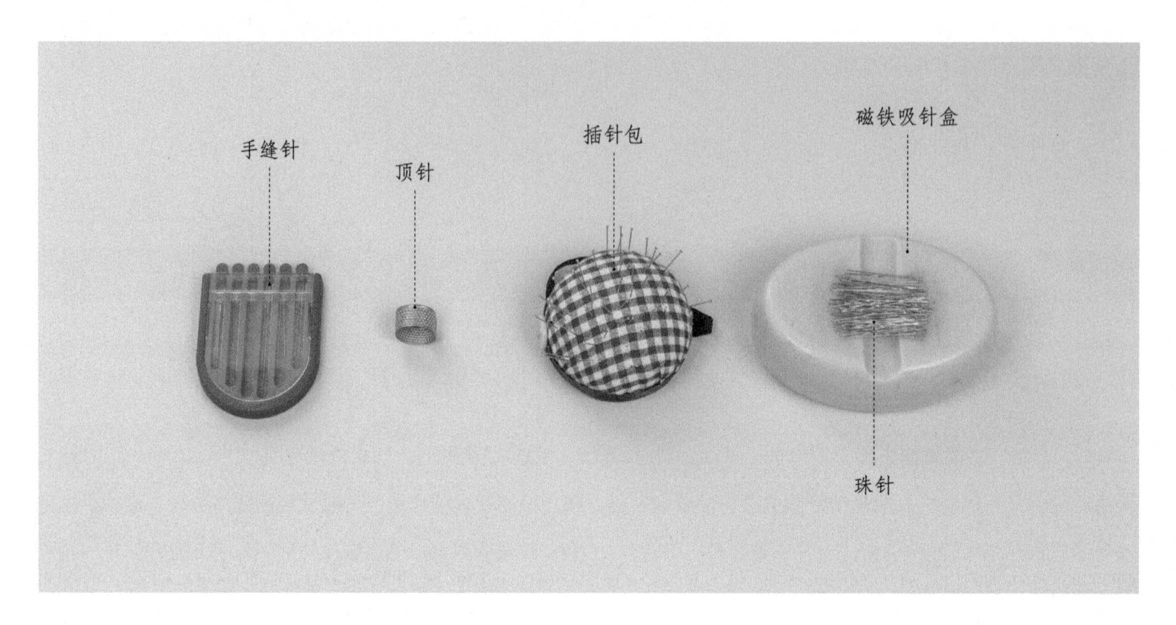

【标记工具】

1. 划粉：用划粉可直接在织物上做标记，又快又简便。

2. 液体标记笔：常见的有水消笔（下图所示均为水消笔）和气消笔，可以通过喷水或用熨斗喷蒸汽的方式让用液体标记笔做的标记消失。

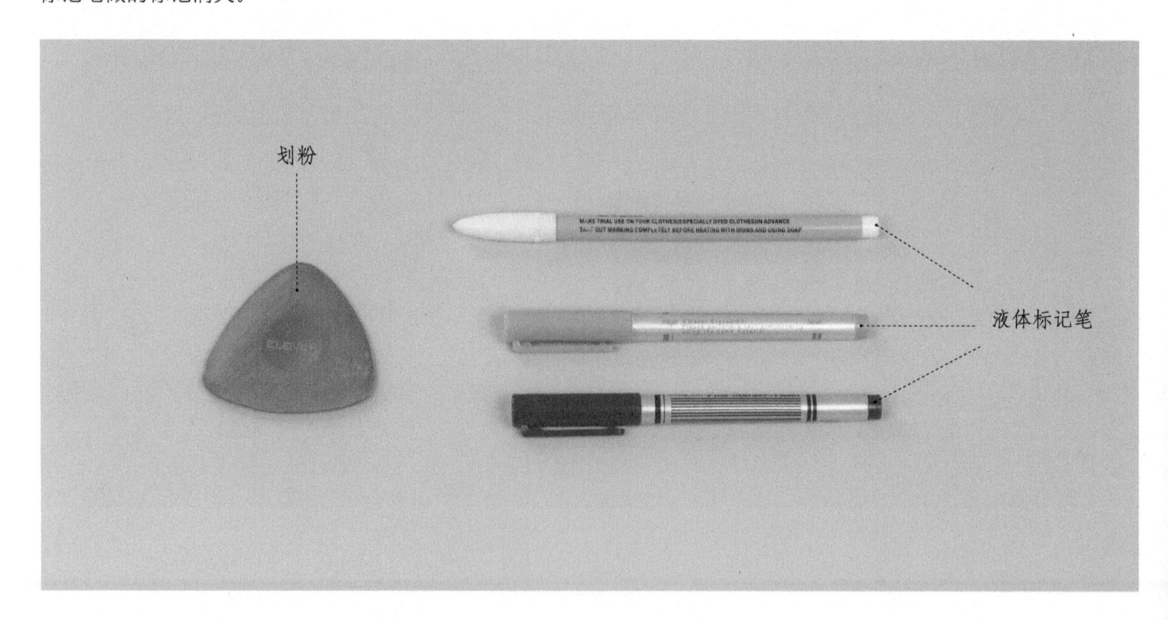

【计量工具】

1. 木尺：用于测量衣长，使用比较方便。

2. 放码尺：用于测量、绘制图纸，放缝份。

3. 钢尺：用于折烫、标记。

4. 缝份定位尺：有标记缝份、测量纽扣尺寸等作用。

5. 卷尺：一般选择 150cm 长的卷尺，用于测量身体数据、成衣尺寸和制版图中的一些曲线的长度。

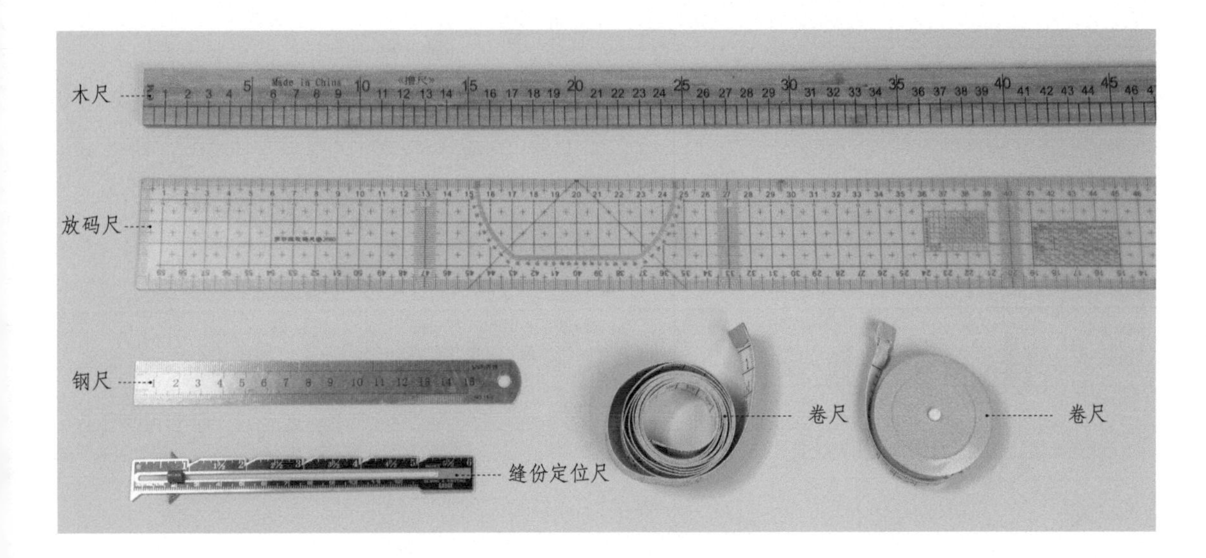

【裁剪工具】

1. 裁缝剪：使用专业的裁缝剪可以使裁布过程更加方便舒适，一般选择 10~12 号的裁缝剪。

2. 镇纸：用来压纸样和布料，也可以用其他重物代替。

3. 小纱剪：常用来剪线头、打剪口。

4. 拆线器：起到快速撕开接缝、拆纽扣的作用。

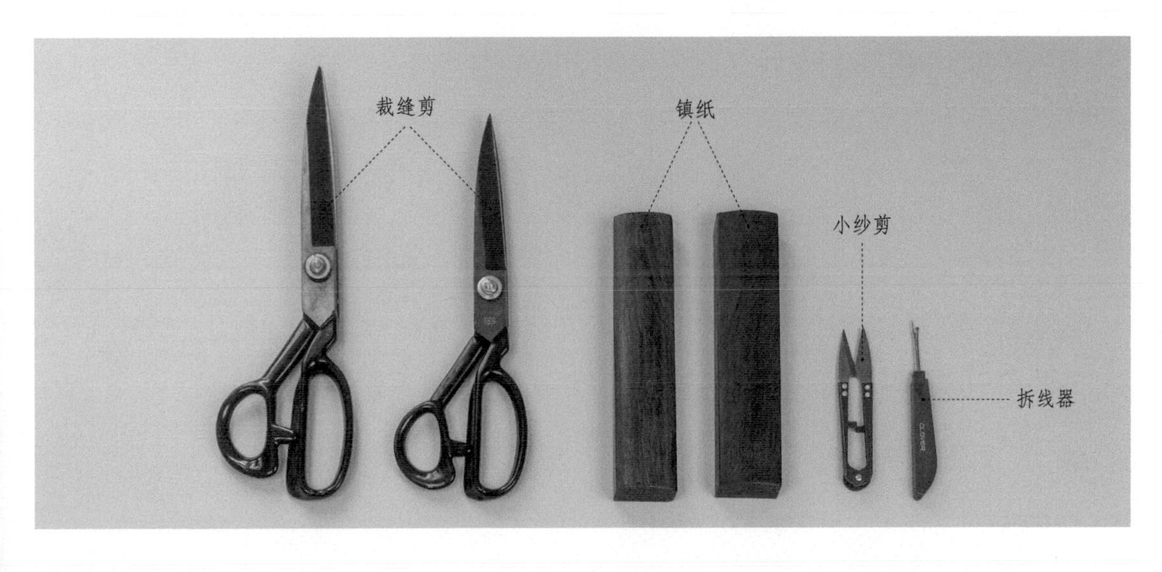

【熨烫工具】

1. 熨斗：用来压烫织物，使之变得平整，也可用于做漂亮的褶皱。

2. 熨衣板：有一定的硬度，表面有一层熨烫贴布，可以使熨烫更加方便。

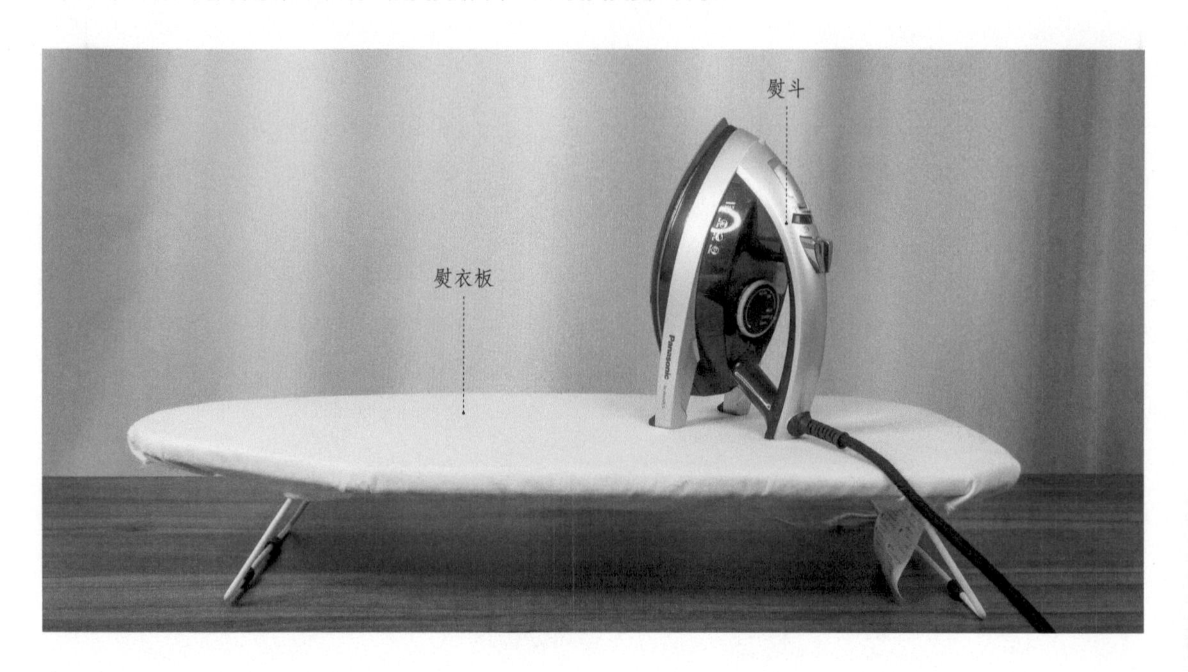

【其他工具】

1. 翻绳器：用于翻折系带、藏线头。

2. 镊子：用于辅助缝纫。

3. 锥子：用于调整尖角、戳洞、做标记。

4. 穿带器：又名穿引器，用于穿松紧带。

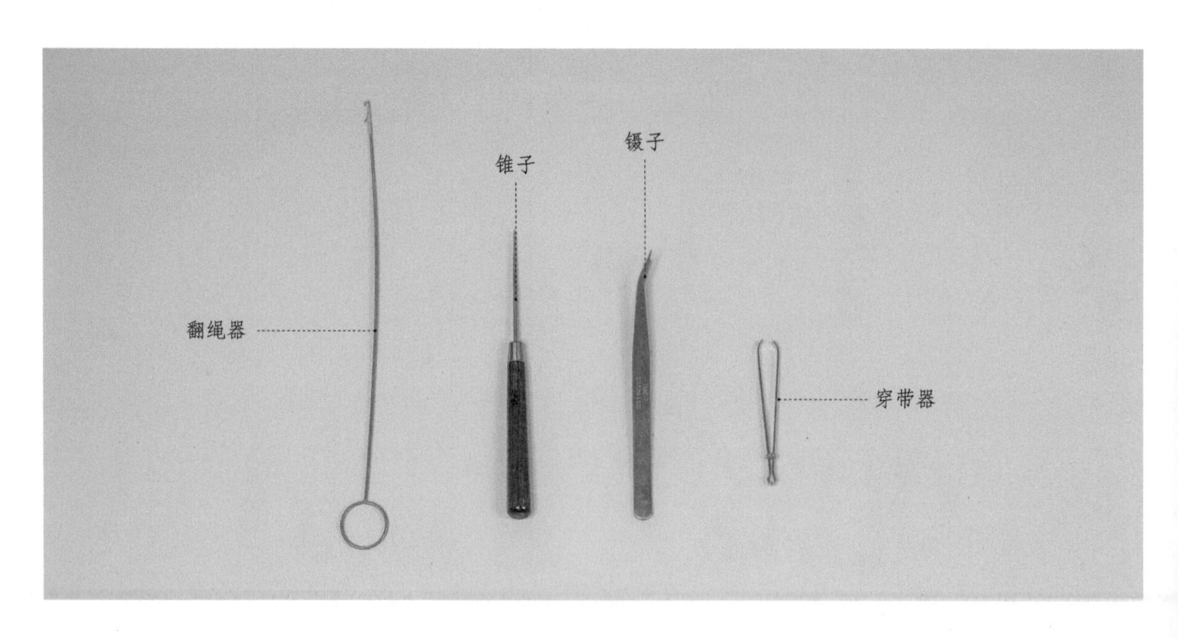

1.3.2 机缝的基本技法

【平缝】

平缝是缝纫中基本、简单，也是常用的缝型，目的是把两块布片重合缝到一起，一般用来拼接布片。例如缝制前后中缝、袖缝、侧缝等。缝线与布边的距离叫作“缝份”或“作缝”。在没有里布的服装中，需要将缝份进行锁边；在有里布的服装中，缝份可以不用锁边。

01 准备要拼接的布片。

02 将其正面相对，把要缝合的一边用珠针均匀固定。

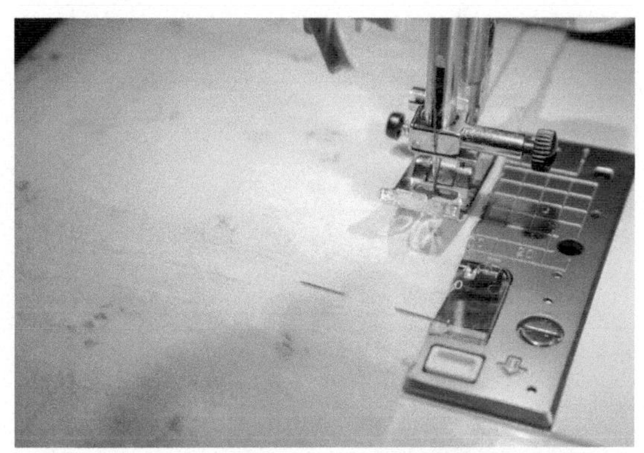

03 将缝合边贴齐缝纫机的刻度线，沿着需要的宽度开始缝合。宽度一般为 1~1.5cm。

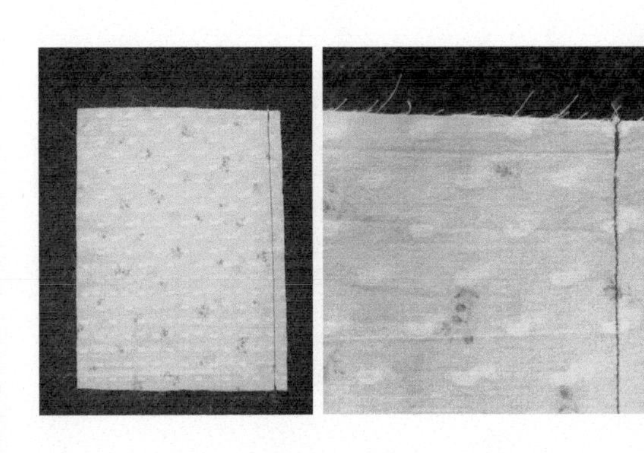

04 在布片的两端要缝 2~3 针倒针，起加固的作用。

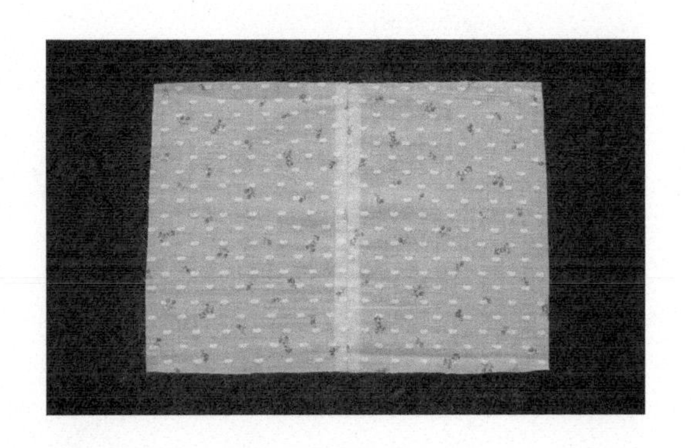

05 将缝份劈开熨烫，平缝就完成了。

【来去缝】

来去缝是做汉服时常见的缝型，该缝型无须用锁边机，可以把毛边隐藏到缝份里面。

01 准备要拼接的布片。

02 将其反面相对，把要缝合的一边用珠针均匀固定。在距布边 0.3cm 处开始缝合，两端也需要倒针加固。

03 由于缝份比较窄，在车缝雪纺等材质的布片时，两端的布片容易卷进缝纫机里面，可以在布片下方垫一小张薄纸，缝完轻轻撕掉即可。

04 把缝好的缝份烫倒至任意一侧。

05 把布片对折，缝份藏在里面，用珠针把缝份均匀固定。

06 在距边缘 0.6cm 处开始缝合。

07 把缝份熨烫到后衣片的方向，来去缝就完成了。

08 这是完成后正面的样子。

【卷边缝】

卷边缝一般用于处理服装的下摆，常用在没有里布的服装中。

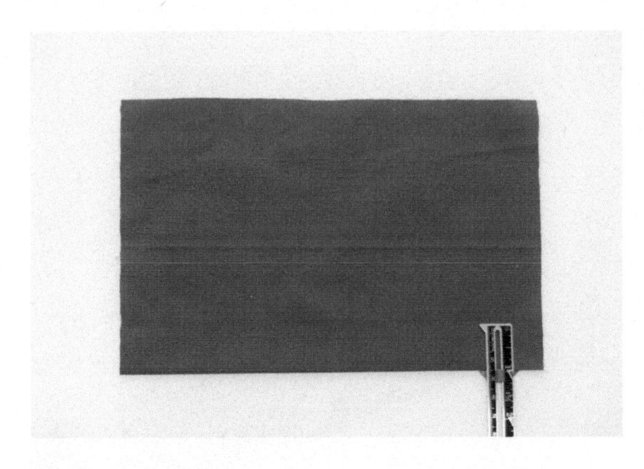

01 将布片反面朝上，下摆向上折 2.5cm，用缝份定位尺固定并熨烫。

02 将下摆向内折 1cm。

03 先用珠针临时固定，再在距折边 0.2cm 左右处缝合，两端缝 2~3 针倒针加固。

04 卷边缝就完成了。

系带

在汉服中，系带是常见的开合方式。

01 准备做系带的布片。

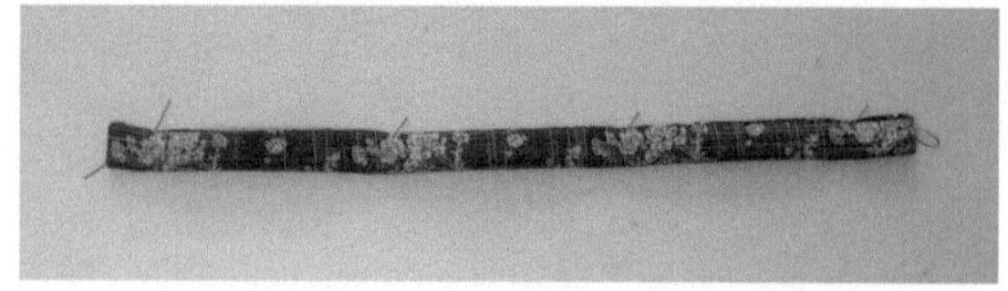

02 将布片对折，反面朝上，并用珠针固定。

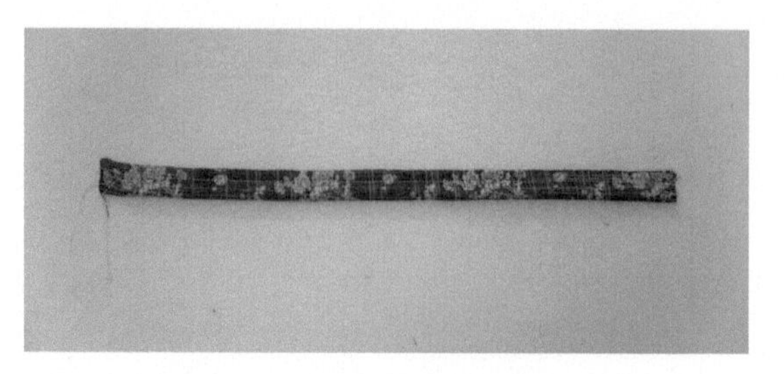

03 在距布边 1cm 处开始缝合。注意布片一端需要有一条大约 30° 的斜线，可以先用划粉标记。

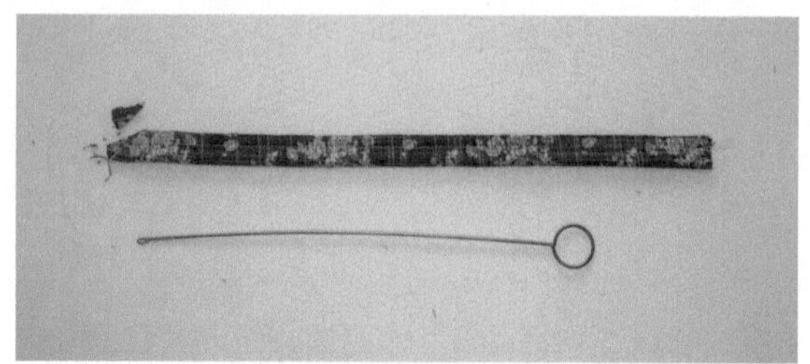

04 缝好后将标记处形成的尖角剪掉，将缝份修剪至 0.5cm 左右。准备好翻绳器。

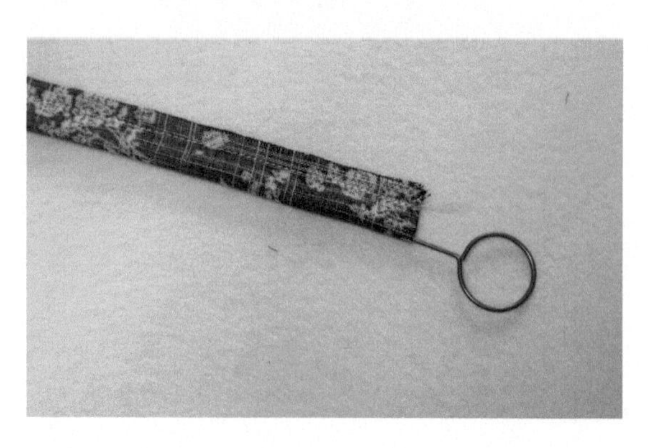

05 将翻绳器插入系带。

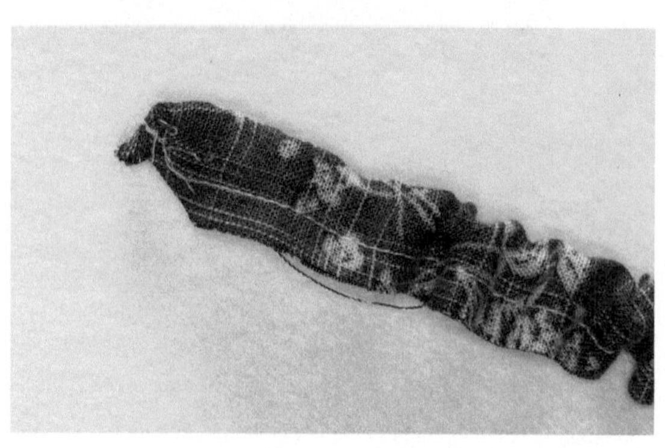

06 用翻绳器顶部钩住系带的顶端。

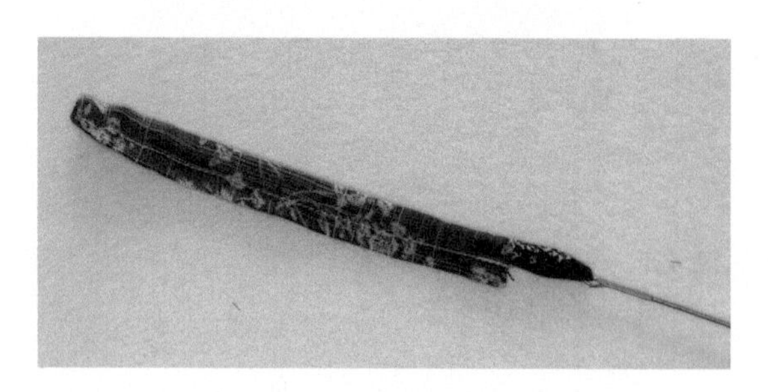

07 将翻绳器慢慢往回拉。

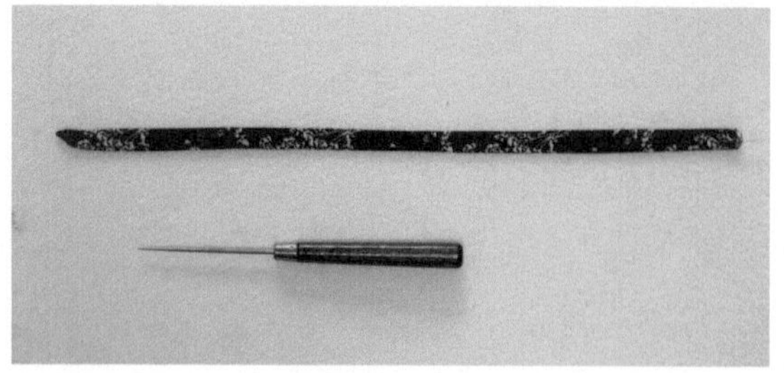

08 翻出来后，用锥子把尖角挑出来，系带就制作完成了。

1.3.3 手缝的基本技法

【穿线与打结】

在手缝中，穿线与打结是必不可少的步骤。

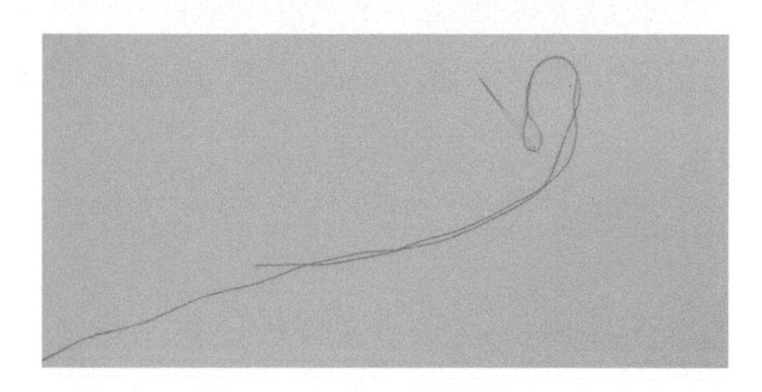

01 给手缝针穿线，线的长度最好不要超过手腕到肘部的距离。

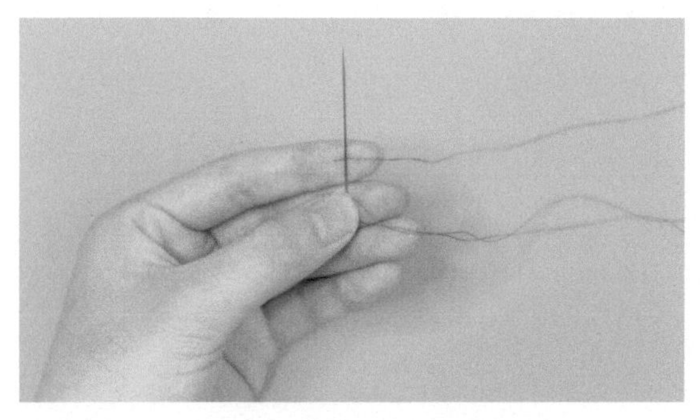

02 把针的下半部分压在距线的尾端 0.5cm 处。

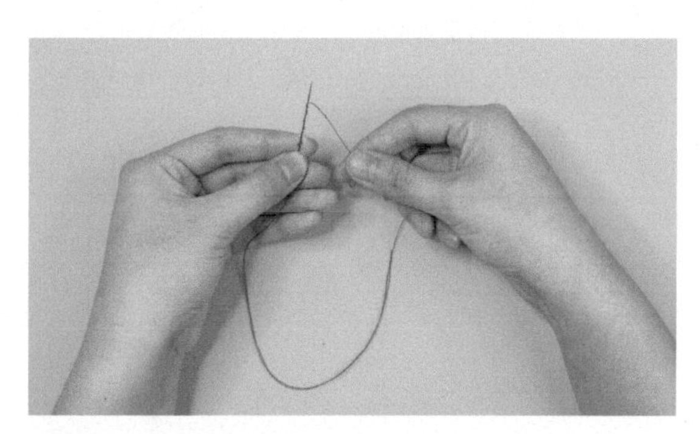

03 用线的尾端在针上绕 3~4 圈，要绕结实些。

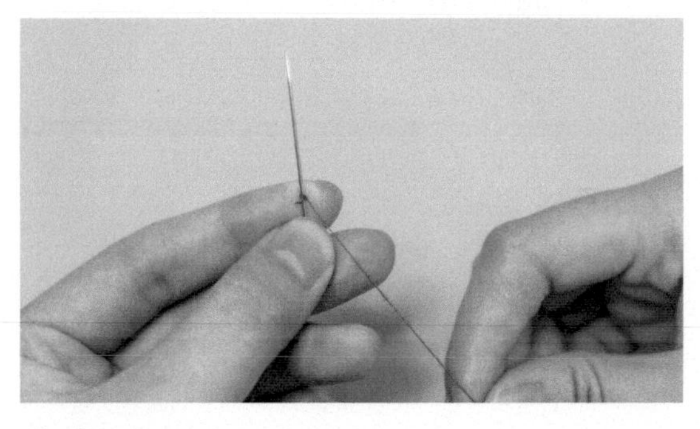

04 把线圈收紧。

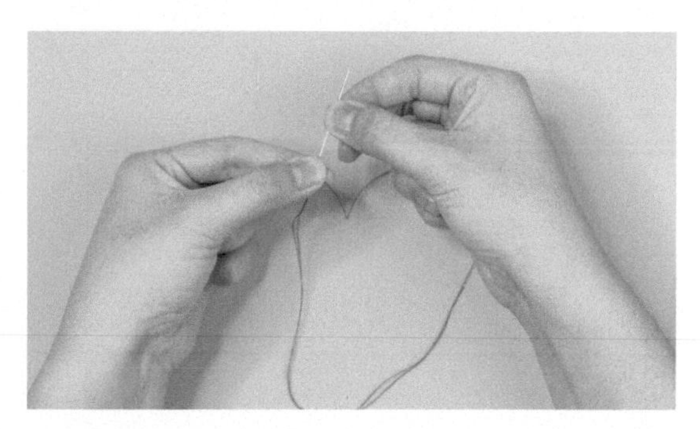

05 左手捏紧线圈，右手把针慢慢拉出来。

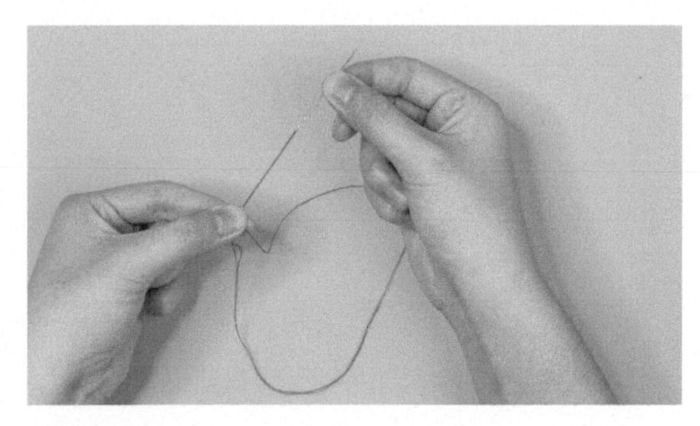

06 慢慢拉完，把结后面的线修剪一下。

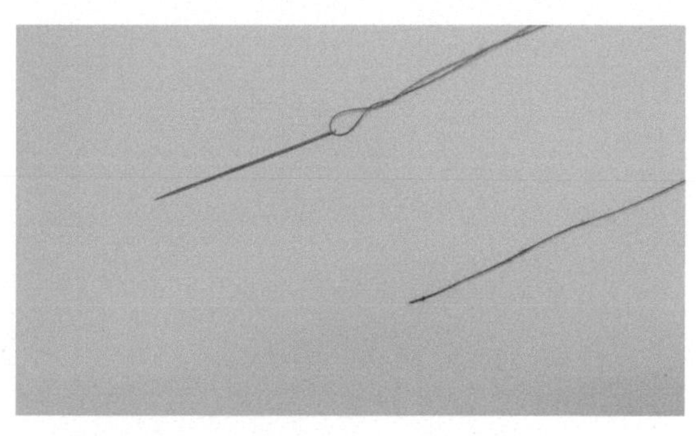

07 结就打好了。

【平缝】

平缝是基础的缝纫方法，可以用来缝合一些拉扯不频繁的缝份，如裙片的拼接处、一些装饰等。也可以把针脚做稀疏一点儿，起临时固定的作用。

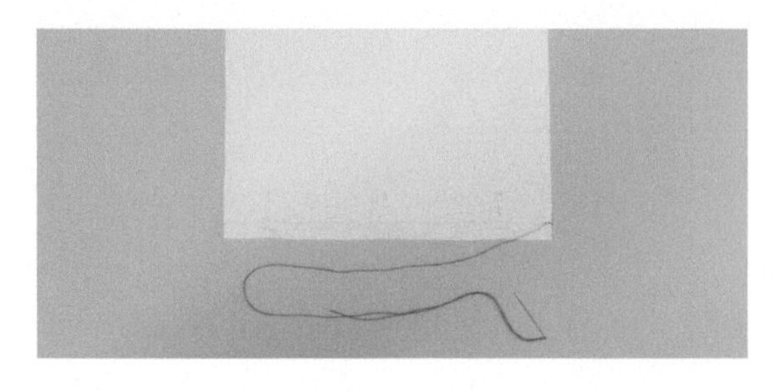

01 将两块布片正面相对，反面朝上，在要缝合的一边画一条距边缘 1cm 的标记线，并用珠针均匀固定。

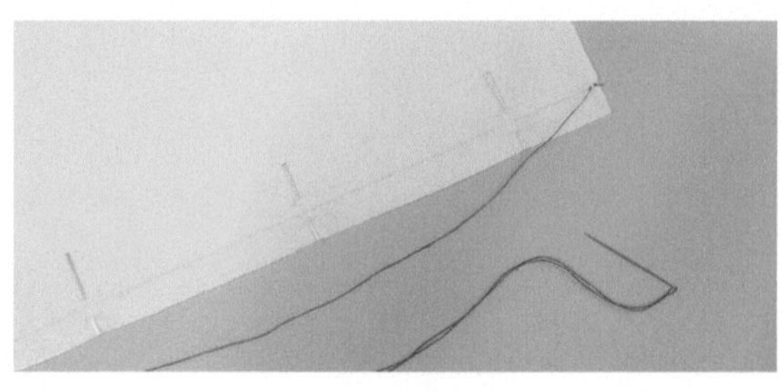

02 沿着标记线穿入已经打好结的针线。

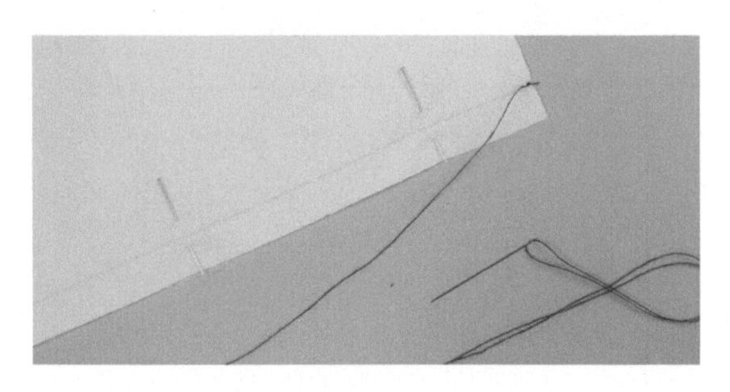

03 缝一个回针缝，稍微加固一下。

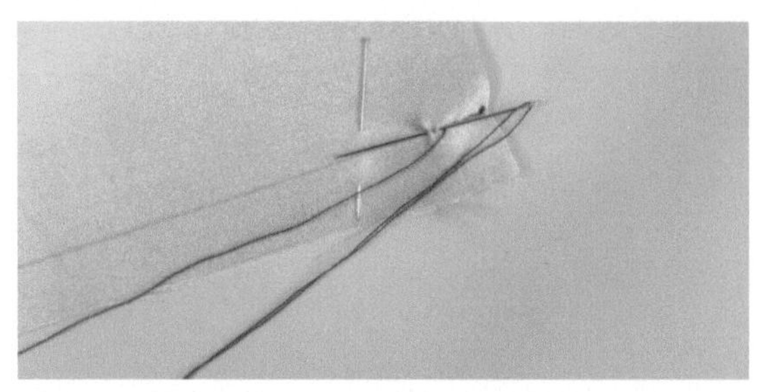

04 进行细密的平缝，每次缝合部分大约长 2mm。

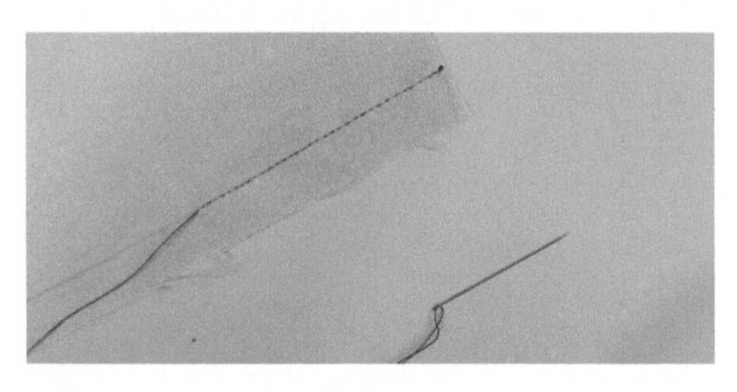

05 注意线迹要均匀，松紧要适宜，不能过紧也不能过松。

06 在末端也要进行回针缝。

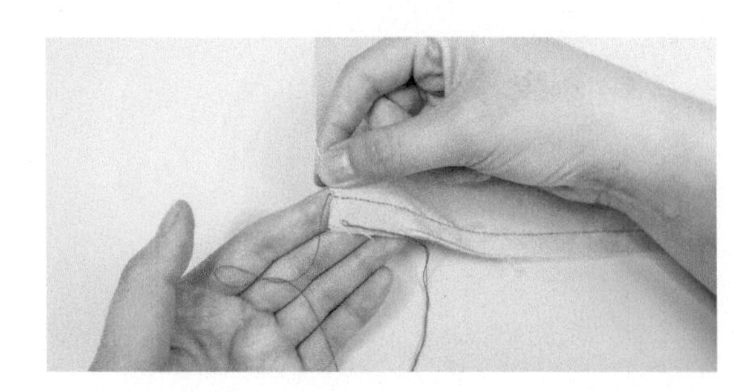

07 让针的下半部分贴在缝制的结束点上。

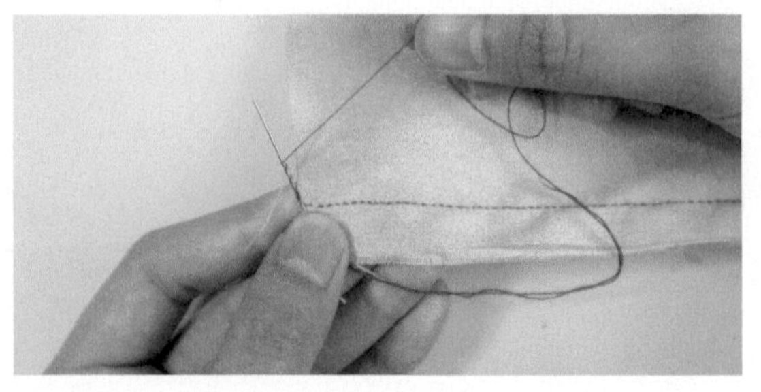

08 将线在针上绕 3~4 圈。

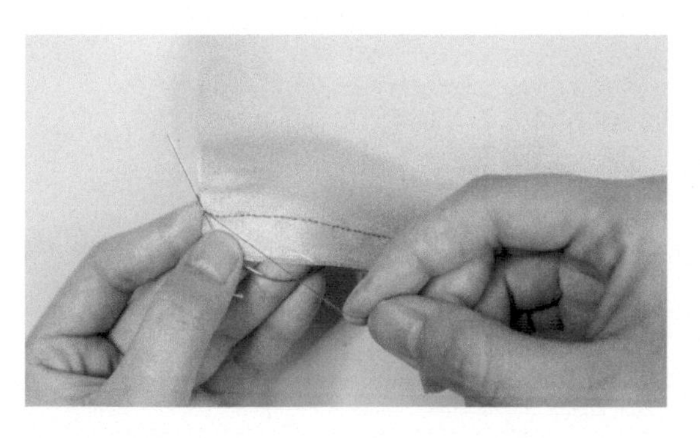

09 拉紧线圈。

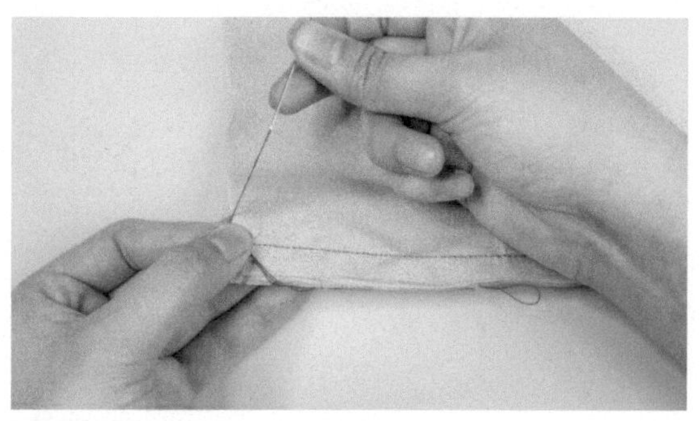

10 左手捏紧线圈，右手把针慢慢拉出来。

11 可以再向反方向缝几针，缝好后将线剪断。

12 用熨斗烫开缝份。

【来去缝】

来去缝的缝制方法跟平缝一样，只是缝型不同。来去缝常用来缝纫中缝、袖缝等。

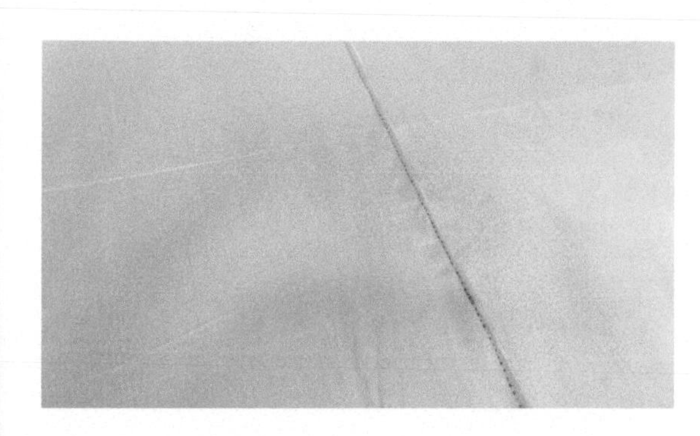

01 手缝来去缝跟机缝来去缝的缝法步骤一样。先将布片反面相对，再在距边缘 0.3cm 处开始缝合，此时用的针法是手缝中的平缝法。缝好后，把缝份熨烫到一侧。

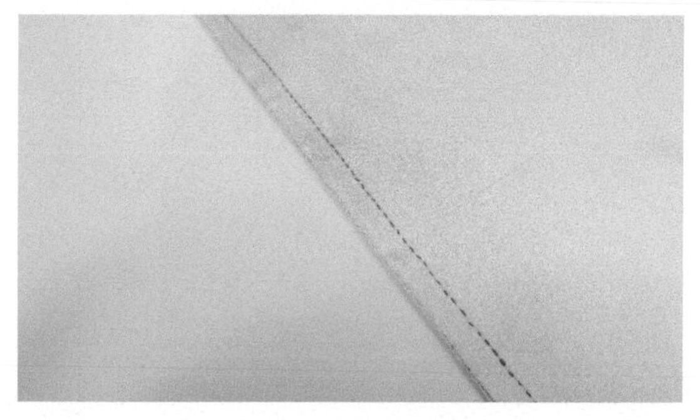

02 把布片翻折，把缝份隐藏到里面，然后在距边缘 0.6cm 处开始缝合，依旧采用平缝法。

【回针缝】

回针缝比平缝牢固，所以会用来缝合一些重要的部位，例如一些转角处等。

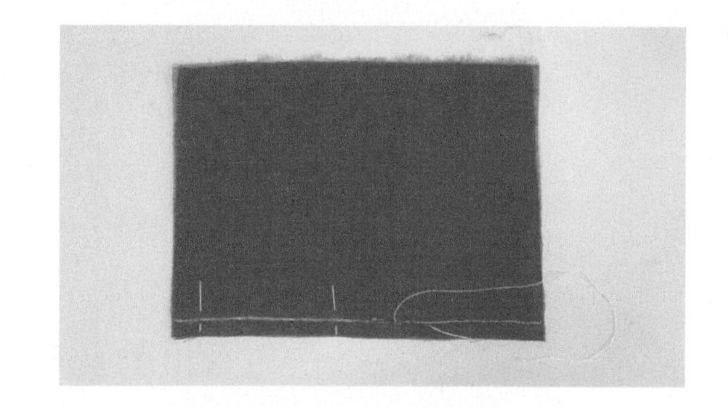

01 将布片正面相对，在要缝合的一边画一条距边缘1cm的标记线，并用珠针均匀固定。

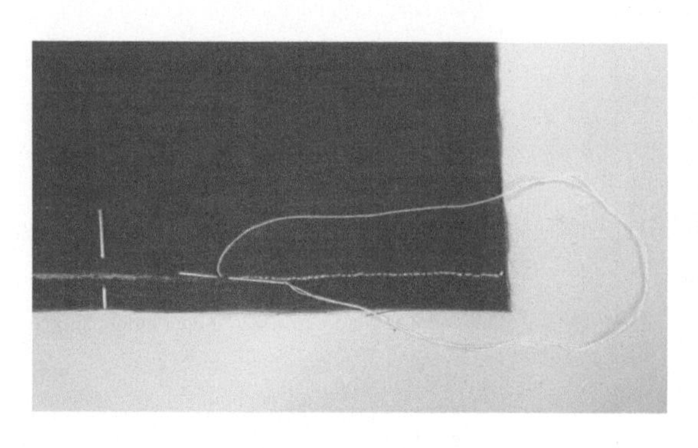

02 回一针再进针。

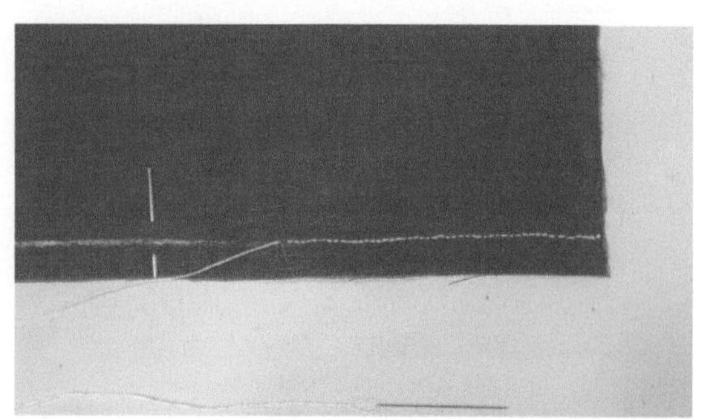

03 从距第一针0.5cm左右的位置出针，如此循环操作。

04 打好结，剪断线，回针缝就完成了。

05 这是布片的反面。

【缲边】

缲边与卷边缝功能类似，是用来收下摆边的一种缝法，也可以用于缝合领子、腰头内侧等。

01 将布片反面朝上，下摆向上折 2.5cm，用缝份定位尺固定并熨烫。

02 将下摆向内折 1cm。

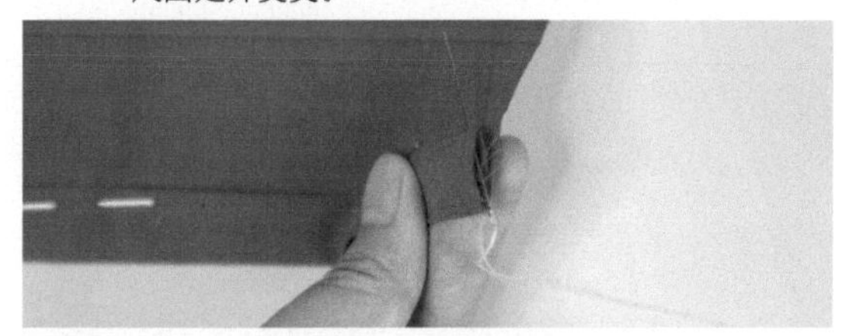

03 先用珠针临时固定，再将打好结的单股线从折边的夹层中穿入，目的是隐藏线结。

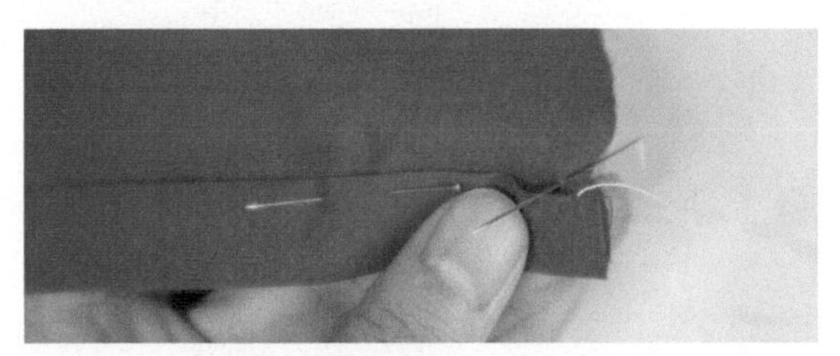

04 用针在布片上挑起较少部分，并在距离起始针 0.7cm 左右的位置在对齐的折边上挑起较少部分，并拉紧。

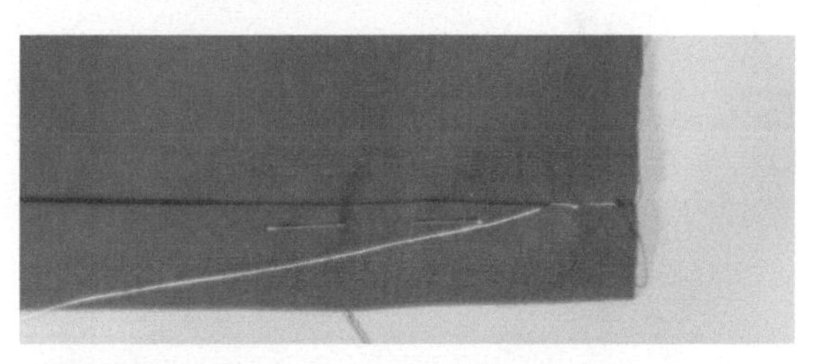

05 重复上述动作，注意针脚间距相同、松紧均匀。

06 在结尾处绕线打结。将针穿入折边的夹层中。

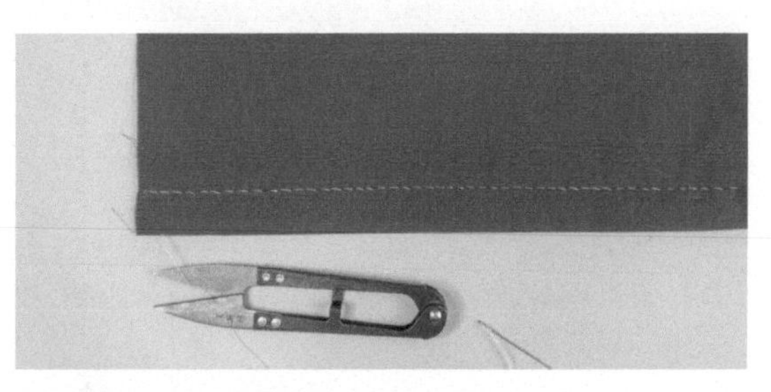

07 剪去多余的线，把结尾线隐藏在布片的夹层中。

08 缲边就完成了。

09 布片正面有零星的线迹，使用与布片同色的线会有更好的隐形效果。

【三角针法】

三角针法的作用跟缲边一样，也是用来给衣服收边的，在汉服的制作中也很常用。大家可以根据自己的喜好选择使用三角针法或缲边的方式。

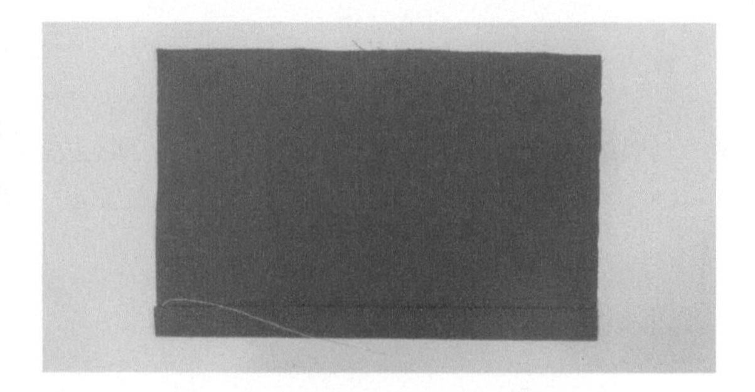

01 将底边以与缲边同样的方法折烫固定好，这次从左往右缝合，从夹层中穿入打好结的针线。

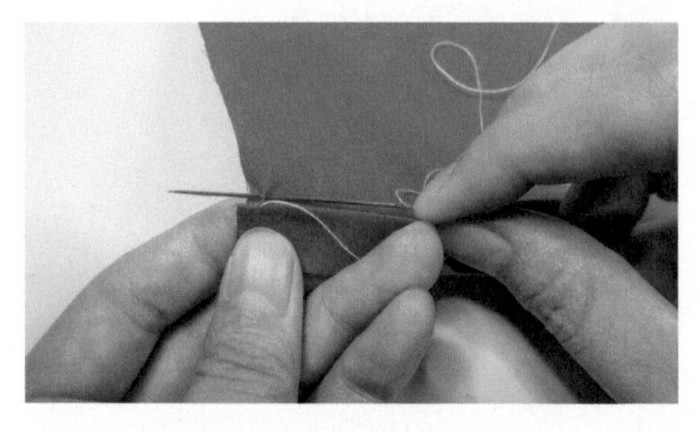

02 用针在布片上挑起较少部分并穿过。

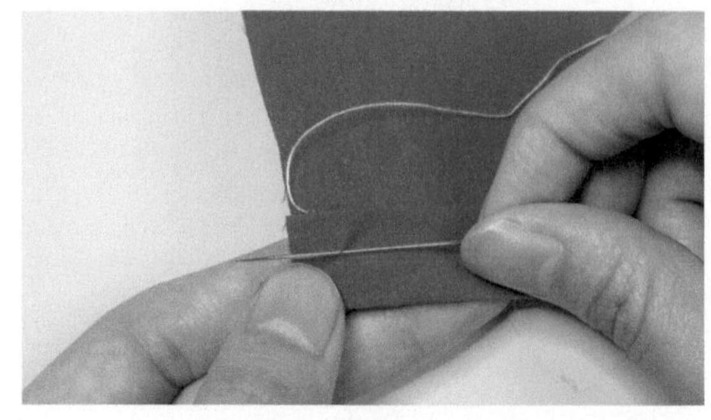

03 在折边斜向右下大约 60° 处，用针挑起较少部分并穿过。

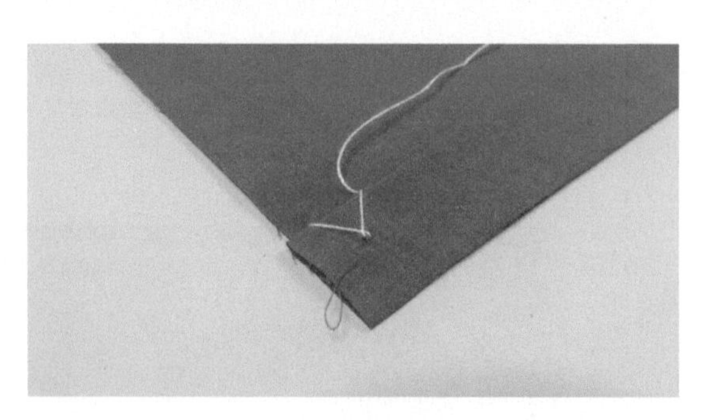

04 用针在缝线斜向右上大约 60° 处挑起布片的较少部分并穿过。

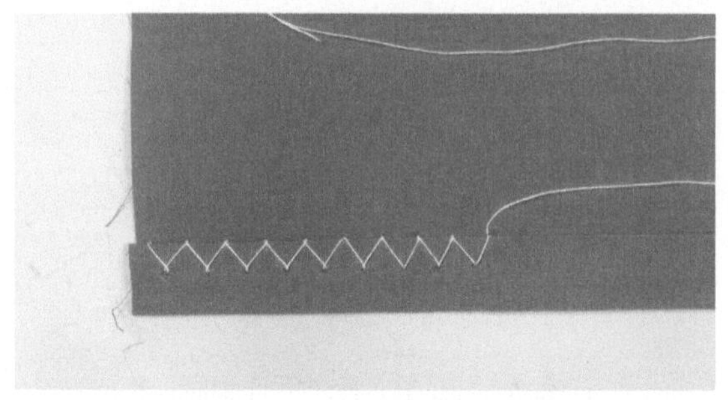

05 如此循环，线迹与折边构成等腰三角形。注意针脚间距相同、松紧均匀。

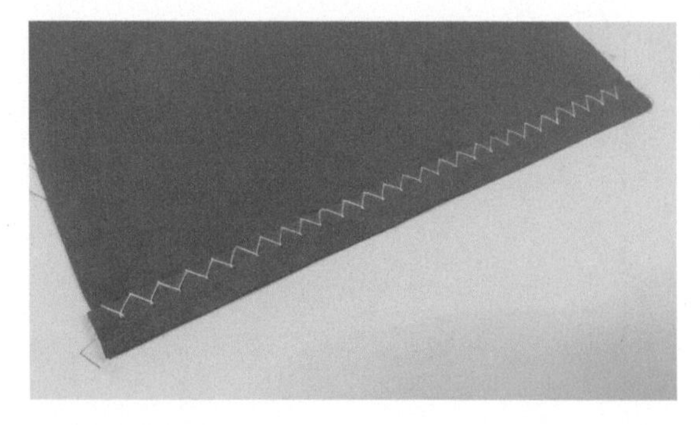

06 在结尾绕线打结，穿入折边的夹层中，剪去多余的线，三角针法就完成了。

07 布片正面有零星的线迹，使用与布片同色的线会有更好的隐形效果。

1.3.4 布料预处理、排料和裁剪

在裁剪布料之前，需要对布料进行一定的预处理和正确的排放。

【预处理织物】

很多织物在水洗或干洗后会发生尺寸的收缩，比如未经处理的 100% 真丝、棉、麻、毛等。而涤纶织物和其他合成纤维织物不需要进行预缩。

1. 水洗预缩：通过浸泡织物 30 分钟，漂洗干净表面的杂质，晾干、熨烫、整理、卷起即可。或者直接放入洗衣机中，按照清洗服装的方式清洗。
2. 干洗预缩：一般 100% 羊毛织物需要用干洗的方式进行汽蒸和熨烫。

【认识无纺衬和里布】

1. 无纺衬：又名纸衬，常用来熨烫在腰头、衣缘等经常摩擦的位置的布料，可以起到保护织物、使之硬挺美观的作用。
2. 里布：一般来说，在春夏秋三季穿的汉服的里布面料常为薄棉布、真丝棉等；在秋冬季节穿的汉服的里布面料常为真丝电力纺、双绉等。

【认识经纬及正斜方向】

1. 经向方向：布料的布边方向（就是细密而紧密结实的边缘），也叫直丝方向。这个方向是织物最结实的方向，就是纸样上标记的横向箭头方向。

2. 纬向方向：垂直于经向方向的方向，也叫横丝方向。这个方向的长度常记作门幅宽度，这个方向的织物弹性略差于经向方向。

3. 斜丝方向：与布边成 **45°** 的方向为斜丝方向，斜丝方向是布料弹性最大的方向。

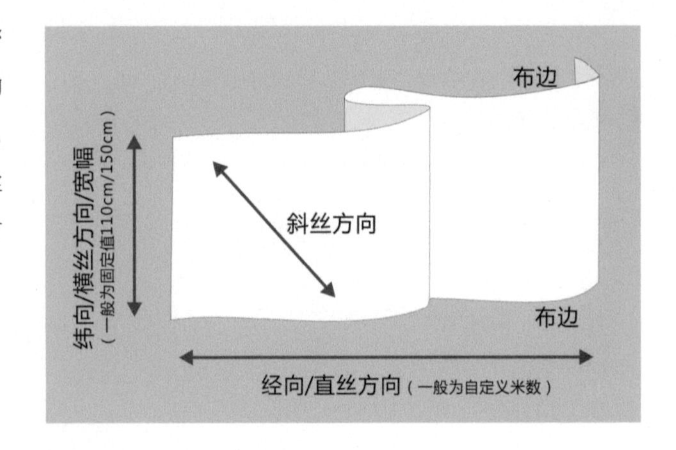

【裁剪布料】

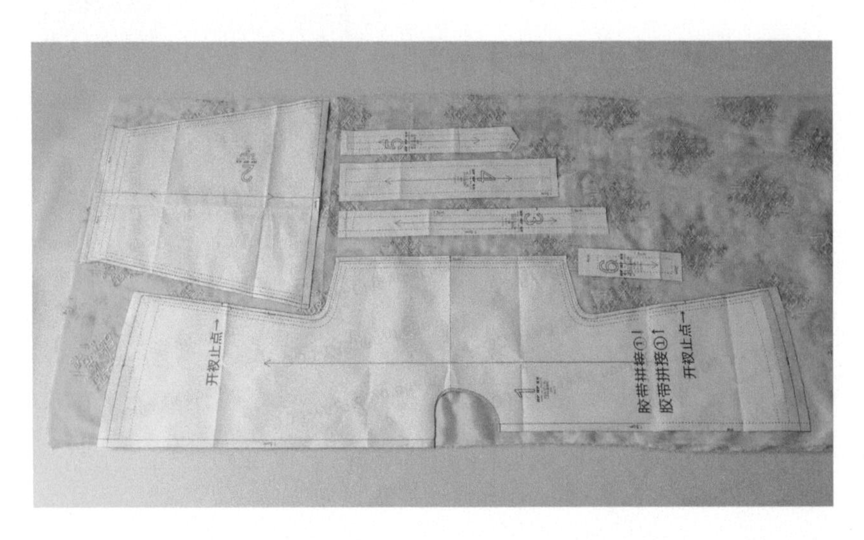

1. 排料纸样：将纸样排列到布料上。有时为了节省裁布时间，会将布料折叠，将两端布边对齐，布料反面朝上，然后先排列大块的纸样，再排列小块的纸样。

2. 对齐纹理方向：将纸样上的箭头方向平行对齐布边的方向。

3. 花纹织物：对于条纹花纹、格子花纹、起绒织物或者定位印花织物时，要注意纹理的垂直性，要对齐花纹的上下和成衣的接缝。

【处理缘边】

在汉服中，我们会面对各种衣缘、腰头，这时可以通过熨烫使得缝制工作更加简易方便。所有的缘边都可以按照此种方法处理。

01 首先裁剪同等大小的无纺衬，将其反面，也就是有颗粒的一面粘贴在布料的反面；然后用熨斗慢慢压烫，可以在熨斗下面垫一张A4纸，以防止损坏熨斗。等熨烫的部分晾凉，无纺衬就粘贴好了。

02 将布料沿着上下中心线对折，正面朝上。

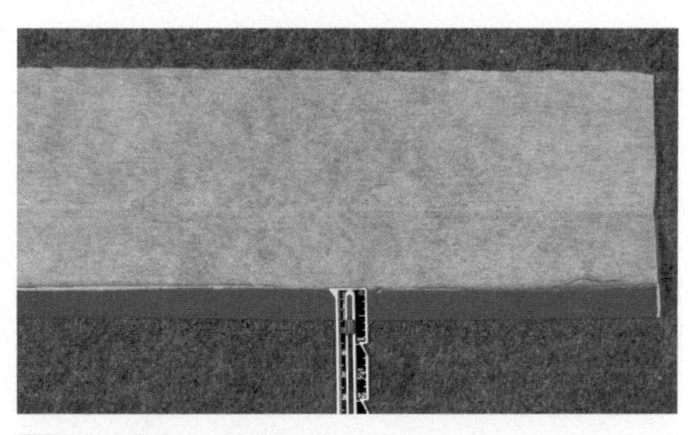

03 打开布料，反面朝上。将其中一条边向上折1.5cm，用缝份定位尺固定并熨烫。

04 将布料沿着刚才的中心线对折。

05 用另外一条边包住03步骤中折烫的边，并用熨斗熨烫整齐。

06 展开后，会发现两层布料的宽有一个0.2cm左右的差值。

07 缘边就熨烫好了。

【处理上衣缘 / 腰头】

在处理好缘边后，就要缝合了。一般对襟衫的衣缘、抹胸的衣缘、裙子的腰头，都可以用同一种方法处理缘边，只不过襟衫不需要加系带，而抹胸和裙子的两侧都需要加系带，除此以外，方法相同。另外，交领类的服装也可以用此种方法处理缘边，除两端处理有所不同外，其余地方都相同。

01 将布片正面相对，反面朝上，在要缝合的一边画一条距边缘 1cm 的标记线，并用珠针均匀固定。

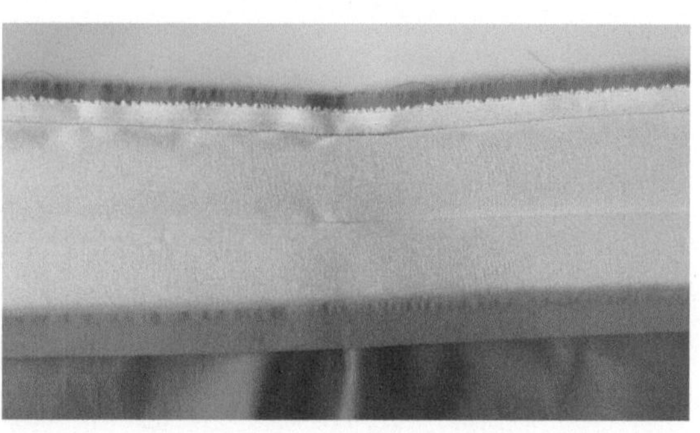

02 沿着折痕缝合。

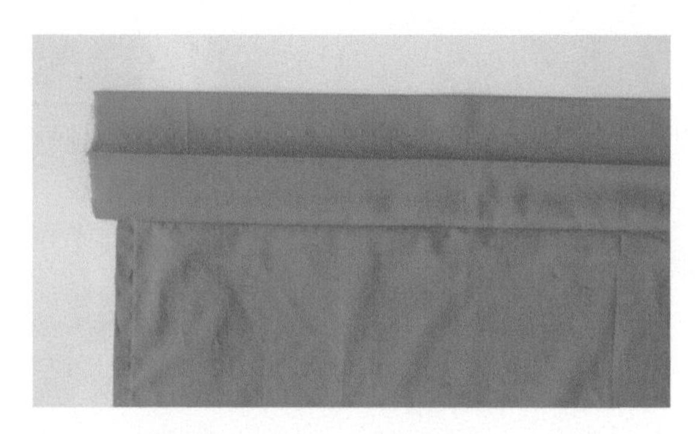

03 将衣缘翻上去。

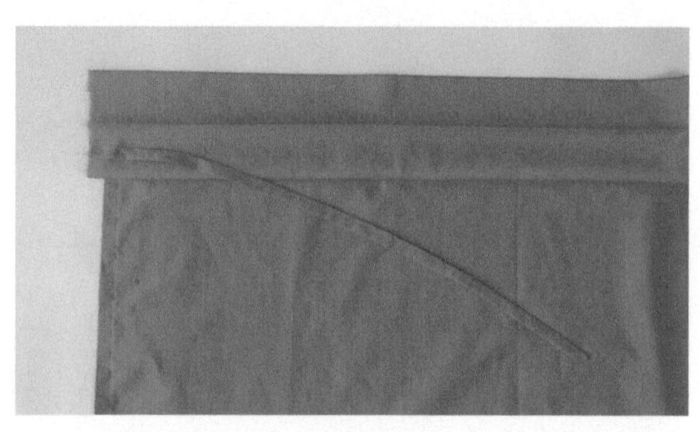

04 将其中一条系带固定在左端下半部分上下居中的位置。

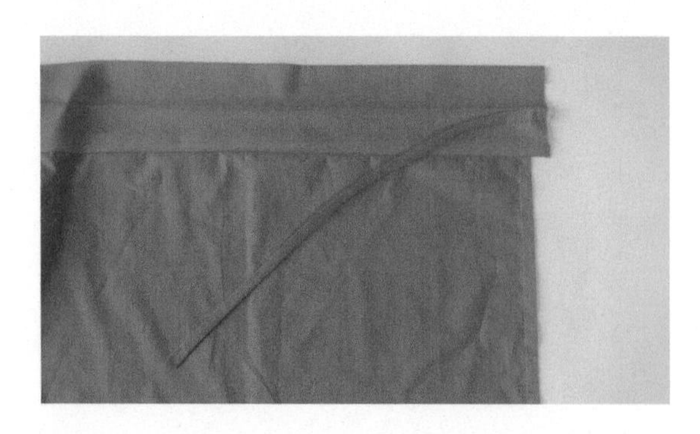

05 将另一条系带固定在右端折线的位置。

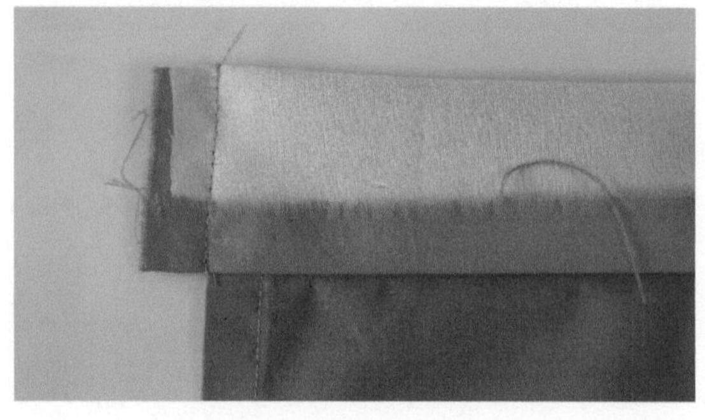

06 将衣缘沿着中心折线翻下来，然后在左端沿着衣片边缘的延长线缝合。

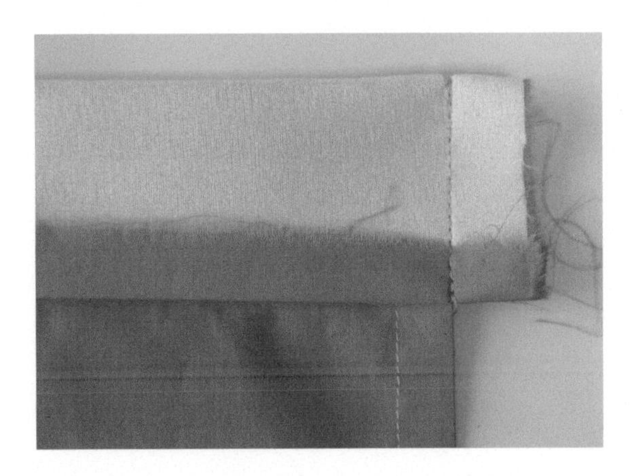

07 右端也如此缝合。

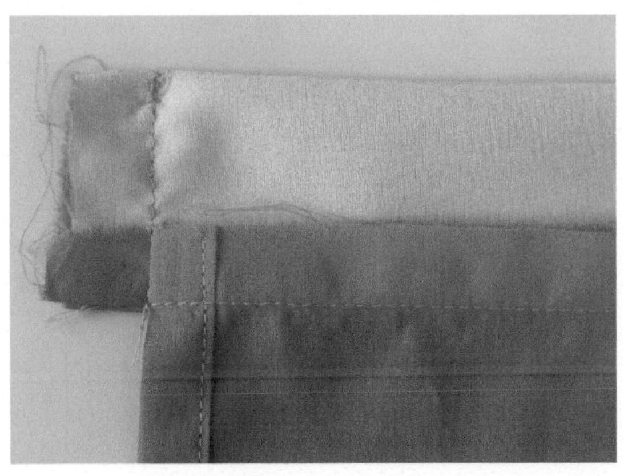

08 这是衣片反面的样子。

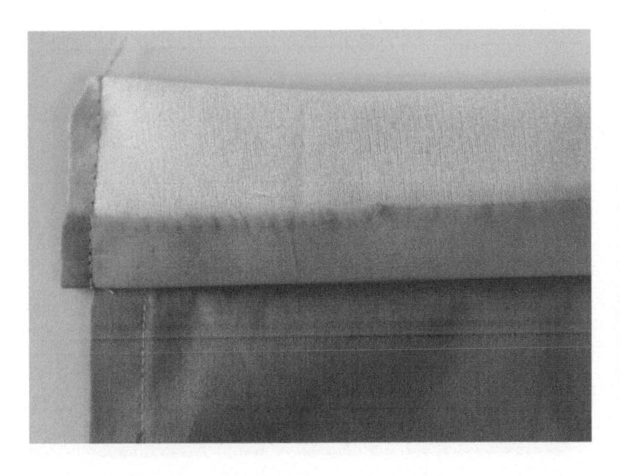

09 将左端缝份修剪一下。

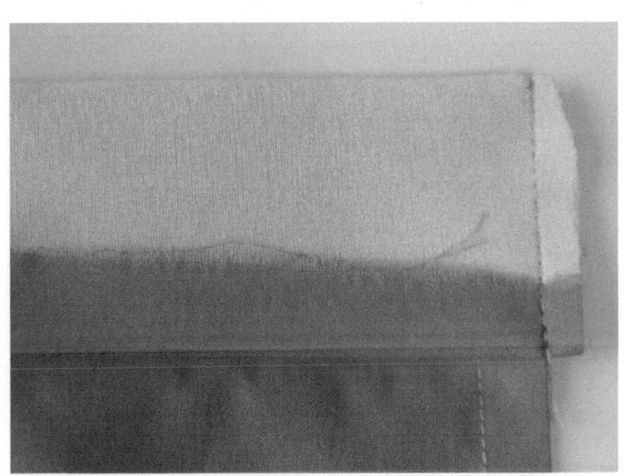

10 右端缝份也如此修剪。

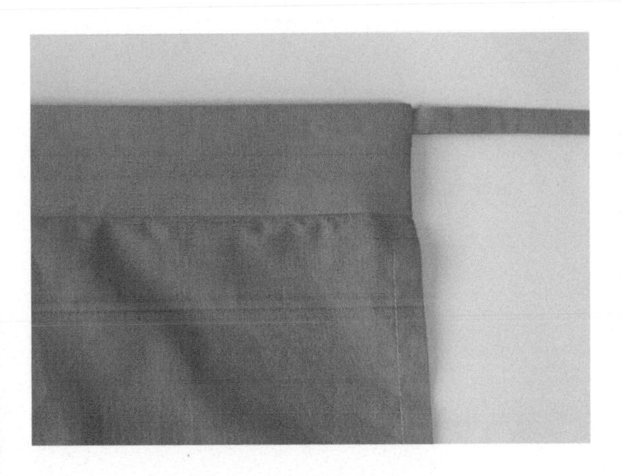

11 把衣缘翻到正面，系带也随之翻出来。

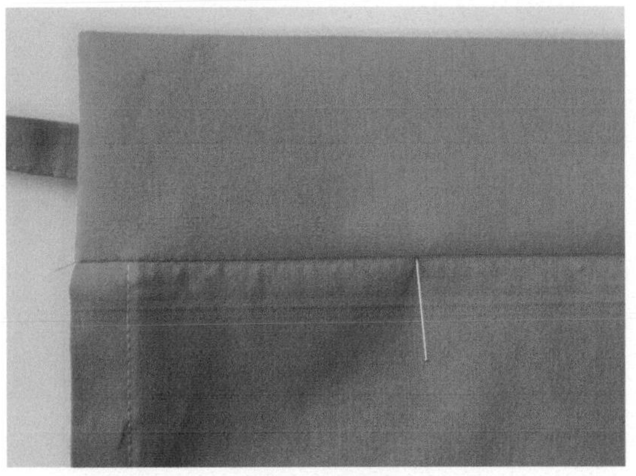

12 在衣片正面，将珠针插入缝隙。

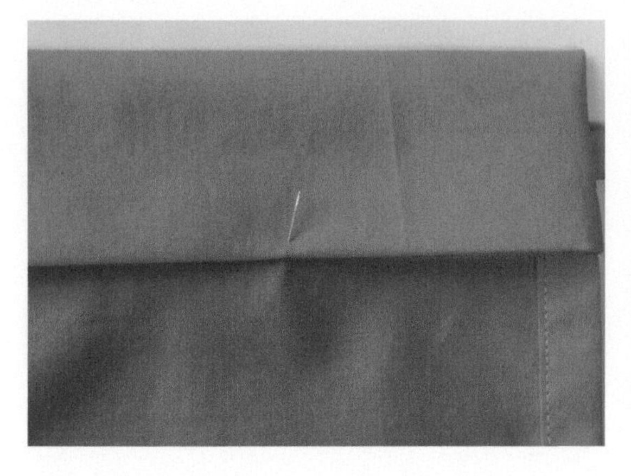

13 珠针从反面穿出。

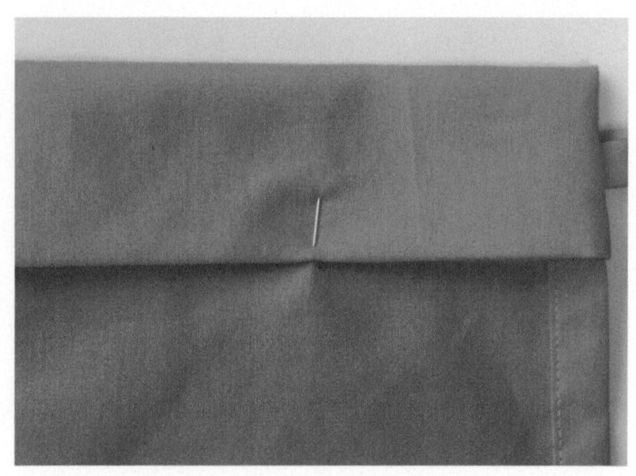

14 将珠针别在衣缘上。如此，在整个衣缘上插入珠针并固定。

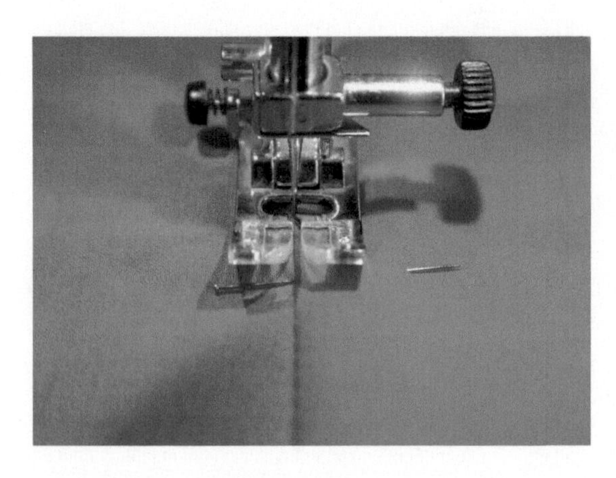

15 用缝纫机沿着缝隙车缝。

16 这是车缝后正面的样子。

17 这是车缝后反面的样子。

第2章 内衣、衬衣和衬裤的款式

本章将介绍汉服和汉元素服装中，一些常见的打底衣、裤的制版与制作，它们类似于现代服装中的内衣，有防止走光、搭配外套的作用，制作方法也比其他服装简单。打底衣、裤的面料可以是亲肤的棉麻或丝绸，其中棉布对新手来说是容易上手的面料。

2.1 抹胸

抹胸是常见的一种汉服，类似内衣，起着防止走光的作用，也可以和其他衣服搭配，能实现丰富的视觉效果。抹胸的类型很丰富，本节以中间有“三角褶”的款式为例介绍，其能实现使服装立体的效果。抹胸是一款非常适合新手制作的服装，制作方法非常简单。

2.1.1 款式设计和制版

这是一款一片式的抹胸，由衣片、衣缘、一对系带组成。衣片的中间有一个三角形的褶皱，类似于现代服装中的省道。

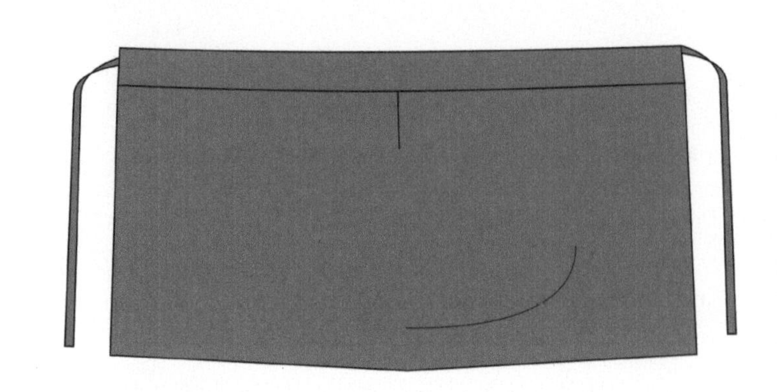

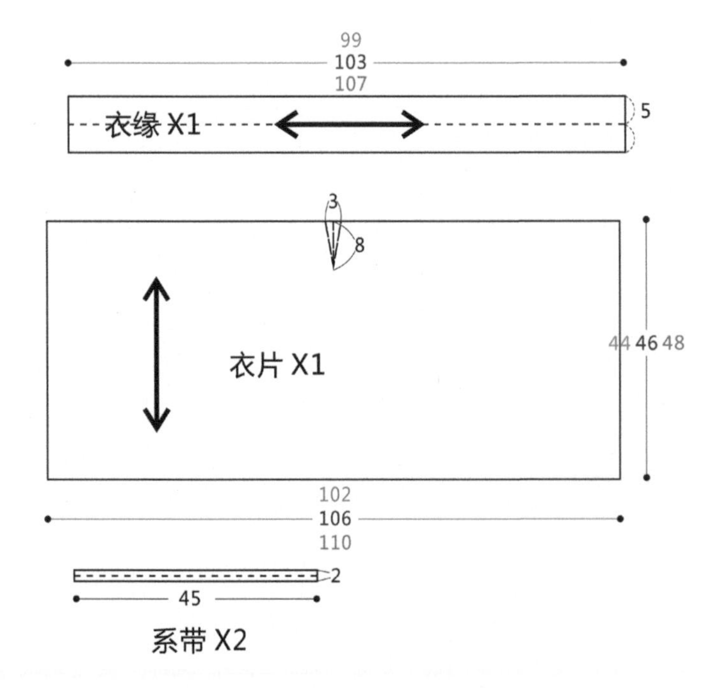

左图所示的数据为 S/M/L 三个码的制版数据。浅蓝色是 S 码的数据，蓝色是 M 码的数据，橙色是 L 码的数据，黑色是共同数据。

2.1.2 放缝、排料与裁剪

右边为排料图。图中数字为缝份数据（默认单位为 cm），未标注的边的缝份都是 1.5cm。

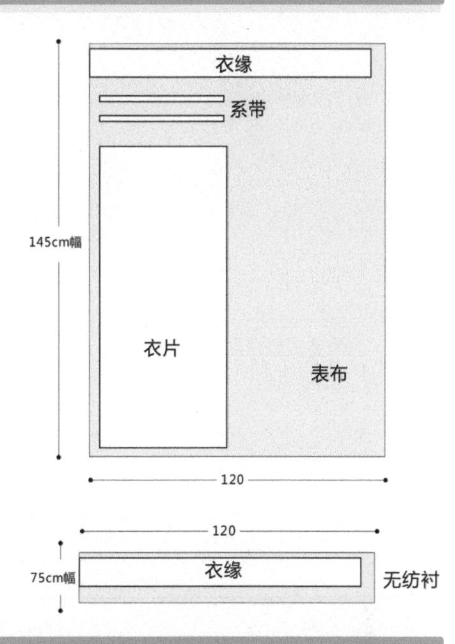

2.1.3 缝制方法

01 在布料反面画上褶的标记。

02 将布料沿着中心线对折，反面朝上，将三角形的两边缝合在一起。

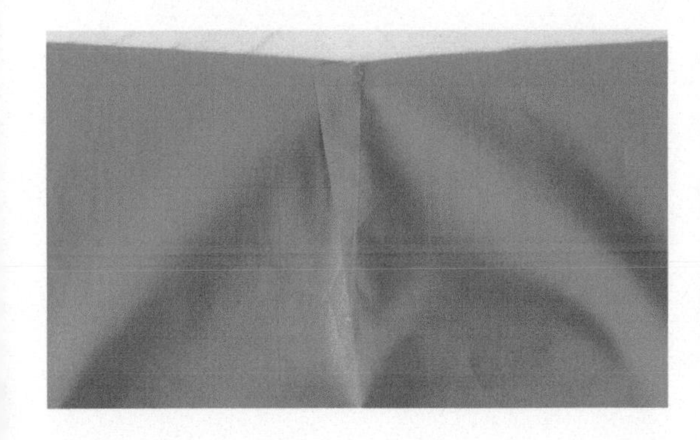

03 将褶烫到至任意一边。

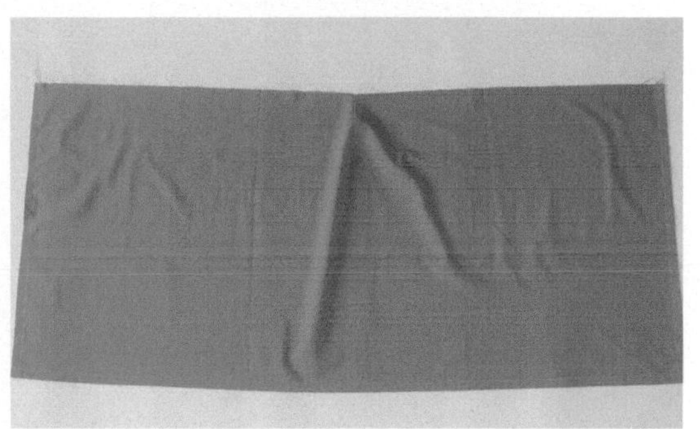

04 对没有褶的其余三边做卷边缝，卷到布料的反面。

05 这是卷边缝正面的样子。

06 这是卷边缝反面的样子。

07 在衣缘的反面添加同等大小的无纺衬，然后做折烫处理。具体方法可参考“1.3.4 布料预处理、排料和裁剪”中的“处理缘边”。

08 注意两层的宽度有 0.5cm 的差值。具体方法可参考“1.3.4 布料预处理、排料和裁剪”中“处理上衣缘 / 腰头”。

09 抹胸就制作完成了。

2.2 交领汗衫

交领汗衫是一款改良后的打底衫，可以作为各种形制的里衣打底，不仅可以起到防止走光的作用，而且可以通过与外面的衣服的色彩搭配，形成层次感。交领汗衫也可以作为睡衣，纯棉和纯真丝做成的交领汗衫非常柔软，适合各种季节。

2.2.1 款式设计和制版

这是一款改良款的交领汗衫。右衽最大的特点是没有大襟和小襟之分，这使得制作很容易，系带一共有 3 对。

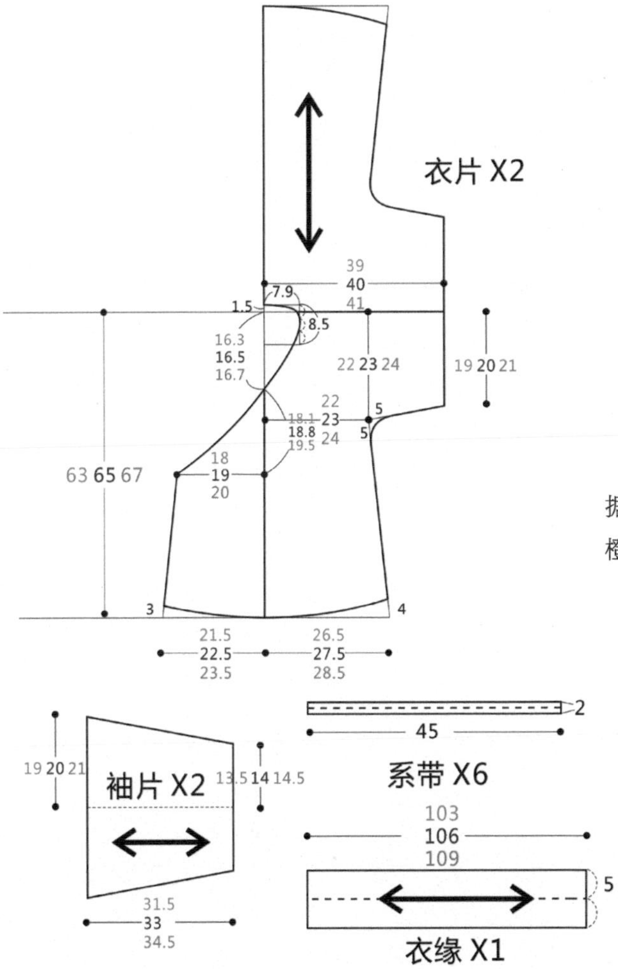

衣片 X2

袖片 X2

系带 X6

衣缘 X1

左图所示的数据为 S/M/L 三个码的制版数据。浅蓝色是 S 码的数据，蓝色是 M 码的数据，橙色是 L 码的数据，黑色是共同数据。

2.2.2 放缝、排料与裁剪

这次示范的是纯色交领汗衫的制作，大家可以选用棉麻、真丝等纯天然面料，新手可以选用纯棉布。由于该款式没有大襟小襟之分，所以大家很少会出现弄反左右的失误。右边为排料图。图中数字为缝份数据，未标注的边的缝份都是 1.5cm。

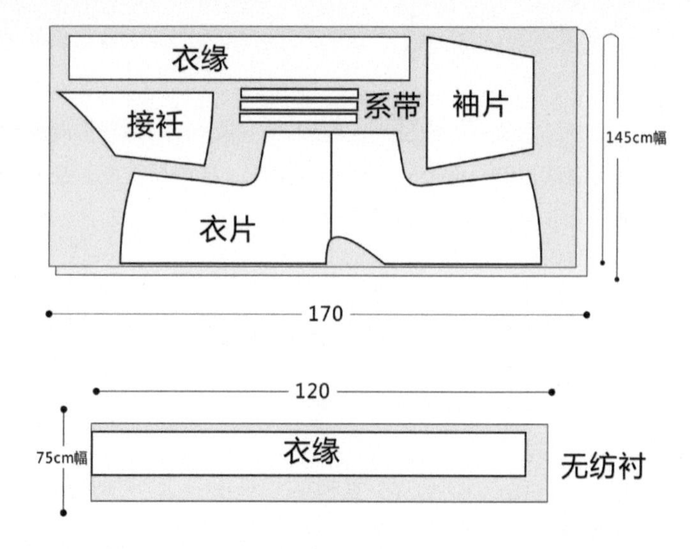

2.2.3 缝制方法

01 准备好布料和无纺衬。

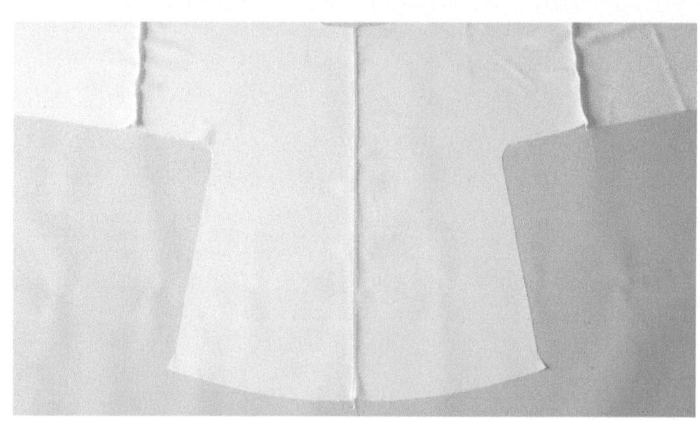

02 将后中缝用来去缝缝合好。

03 将一边袖缝用来去缝缝合好。

04 另一边袖缝也用同样方法缝合。

05 将接片用来去缝缝合好，可以事先将 2.5cm 的边缘折烫到反面。

06 另一边的接片也用同样方法制作。

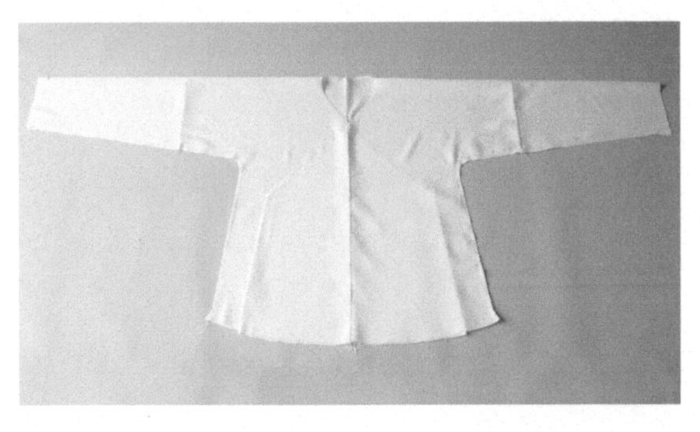

07 用来去缝缝合两片接边侧边。先将衣片反面相对，正面朝上，车缝，除腋下外的缝合线距边缘 0.7cm，腋下最弯处缝合线距边缘为 1cm 左右。

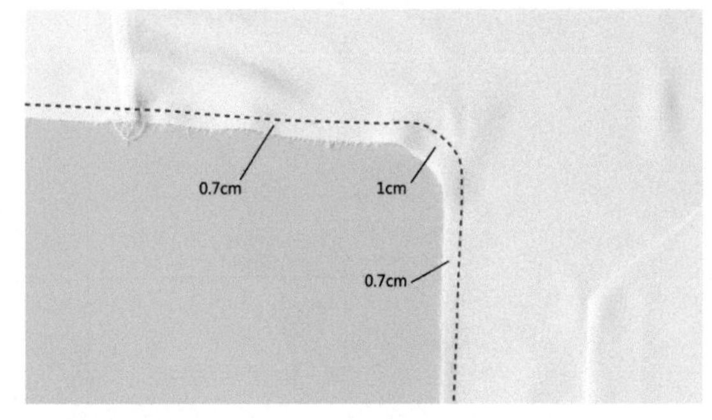

08 这是腋下缝合好后放大的样子。

09 将所有缝份修剪至 0.2cm。

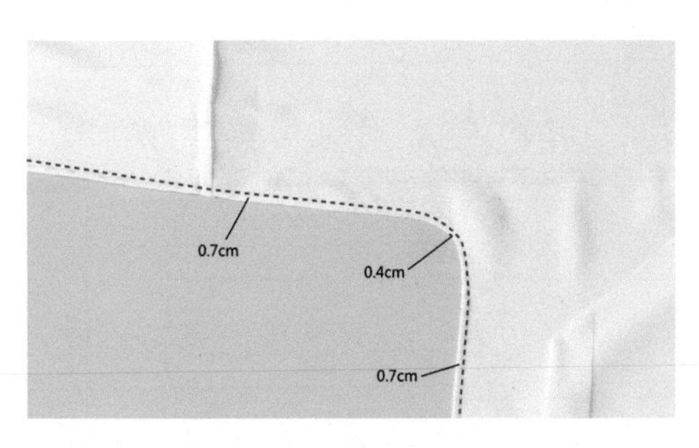

10 将衣片翻到反面，车缝，除腋下外的缝合线距边缘 0.7cm，腋下最弯处缝合线距边缘为 0.4cm 左右。

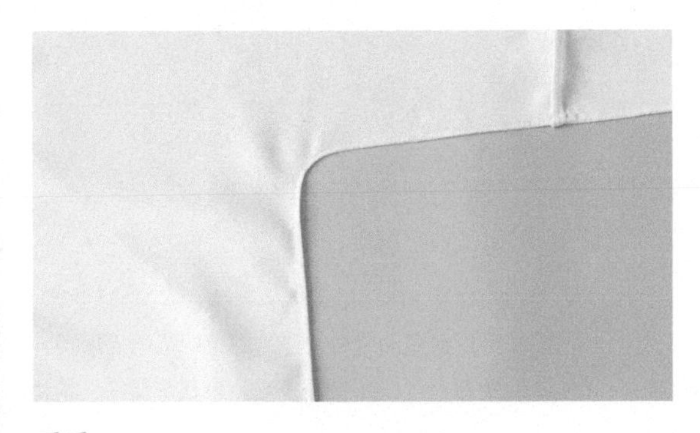

11 衣片另一边也用同样方法制作。

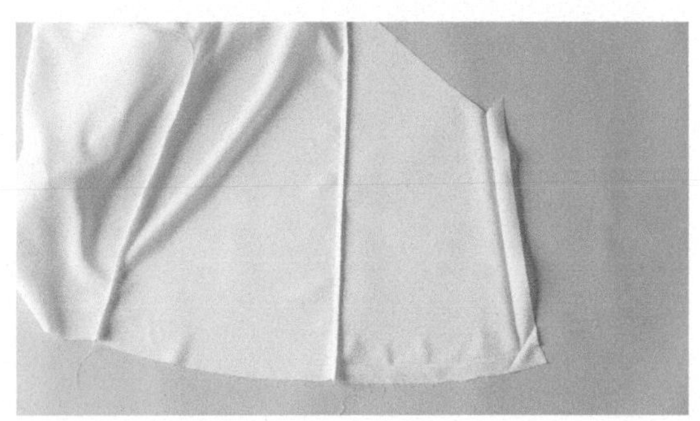

12 将接片两边向反面折烫 2.5cm。

13 折烫出一个斜角。

14 剪掉斜角，留 1cm 缝份。

15 沿着斜角线对折，反面朝上，沿着折角线缝合，缝合线至边缘的距离为 1cm。

16 翻过来就形成了一个折角。

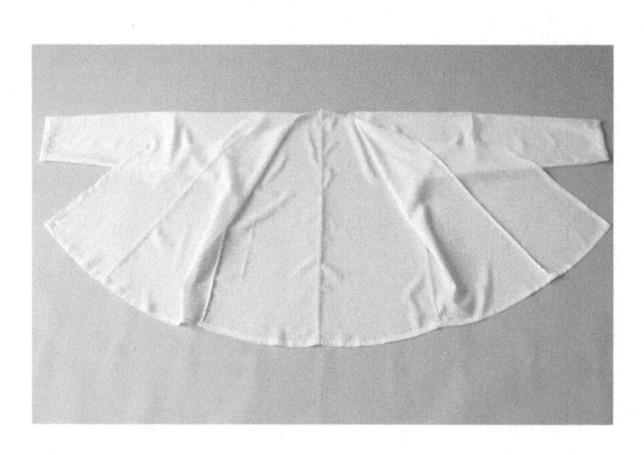

17 将接片边缘和所有底边进行卷边缝。

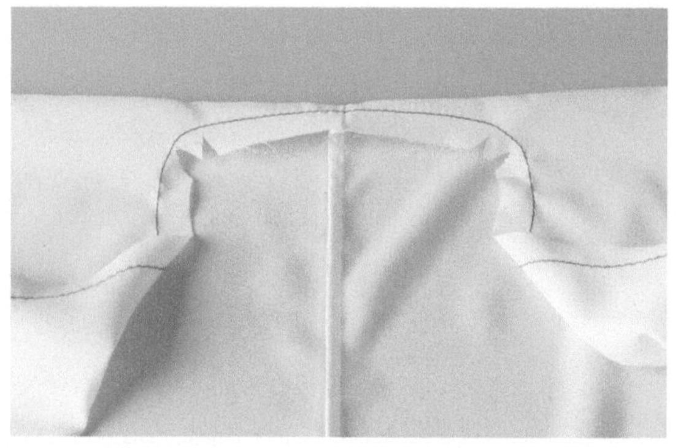

18 将衣领的边缘车缝大针距的疏缝线，缝份为 1.5cm，目的是保持斜边的原有长度，避免斜边的过度拉伸使衣领变形。可以在衣领线弯处打几个剪口，这样缝纫起来更加方便。

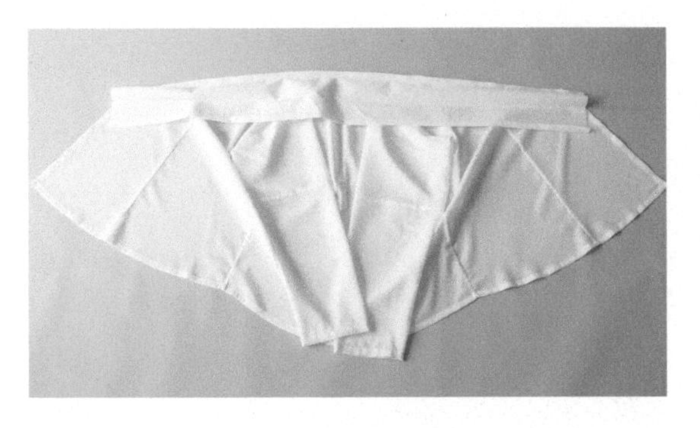

19 将衣缘处理好，窄的一边对齐衣领线，与衣片正面相对，两端留出 1.5cm，其余缝合。具体方法可参考“1.3.4 布料预处理、排料和裁剪”中“处理缘边”。

20 将衣缘两端沿着中心折烫线内折，反面朝上，然后车缝衣缘的延长线。

21 这是衣服反面的样子。

22 修剪缝份。

23 将衣缘翻折到正面，包住缝份，固定好珠针。具体方法可参考“1.3.4 布料预处理、排料和裁剪”中“处理上衣缘 / 腰头”。

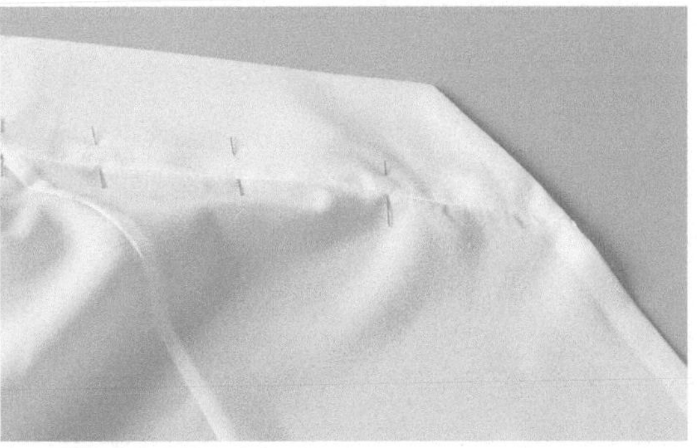

24 这是正面的样子。

25 这是反面的样子。

26 在衣服正面的缝里车缝。

27 这是车缝好后衣缘正面的样子，几乎看不到缝线。

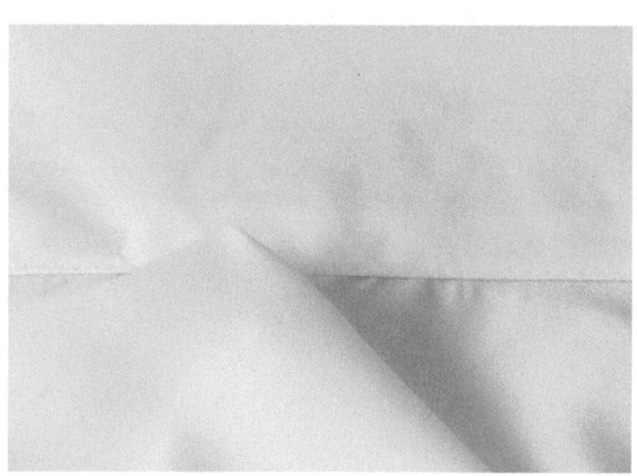

28 这是衣缘反面的样子。

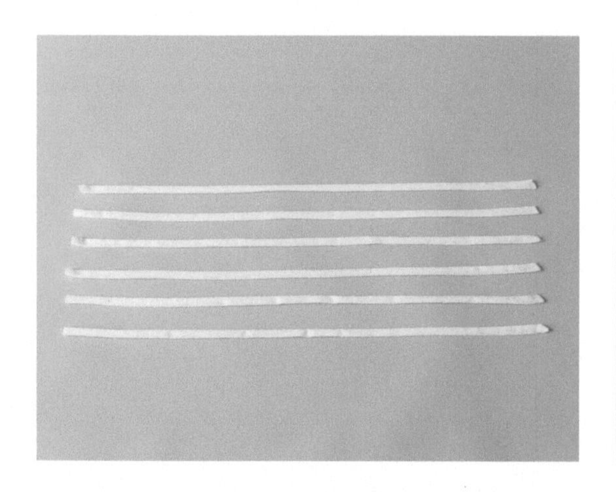

29 将 6 条系带车缝好，并烫好。

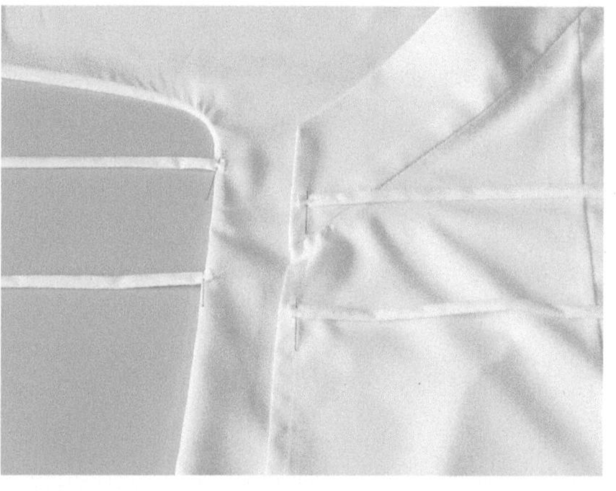

30 按照图中大致的位置，别好两对系带。每对系带内上下两条系带相距大约 10cm。

31 翻开衣服，按照图示位置固定一对系带。

32 来回车缝 3 条线，修剪缝份。

33 把系带折到另一边，再来回车缝 3 条线。

34 交领汗衫就制作完成了。

2.3 改良衬裤

本节介绍与交领汗衫互相搭配的一款改良衬裤，因为加入了松紧带，所以比传统的衬裤更加舒适方便。衬裤在汉服的搭配体系中是必不可少的元素，与交领汗衫一样，既可以防止走光，又可以作为睡裤。同一个款式可以用不同的布料和不同的色彩搭配制作，衬裤在生活中是作为基本款存在的。衬裤的制版数据比较零碎，相较其他服装更为复杂，但是缝制是很方便的。

2.3.1 款式设计和制版

这是一款改良衬裤，比较宽松，穿着舒适，腰部有松紧带。

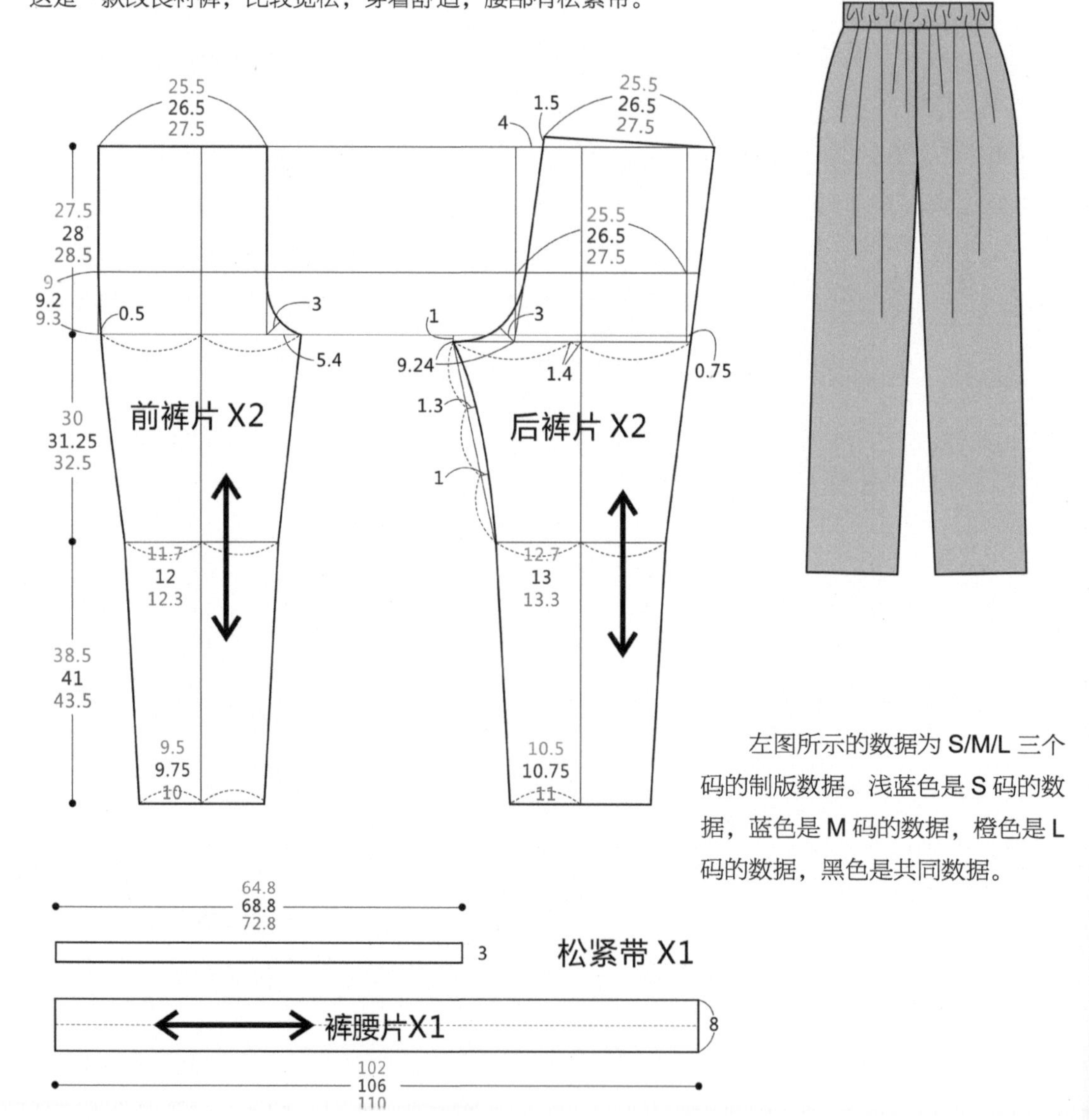

左图所示的数据为 S/M/L 三个码的制版数据。浅蓝色是 S 码的数据，蓝色是 M 码的数据，橙色是 L 码的数据，黑色是共同数据。

2.3.2 放缝、排料与裁剪

这次示范的是纯色衬裤的制作，把纸样按照排料图进行排料裁剪。

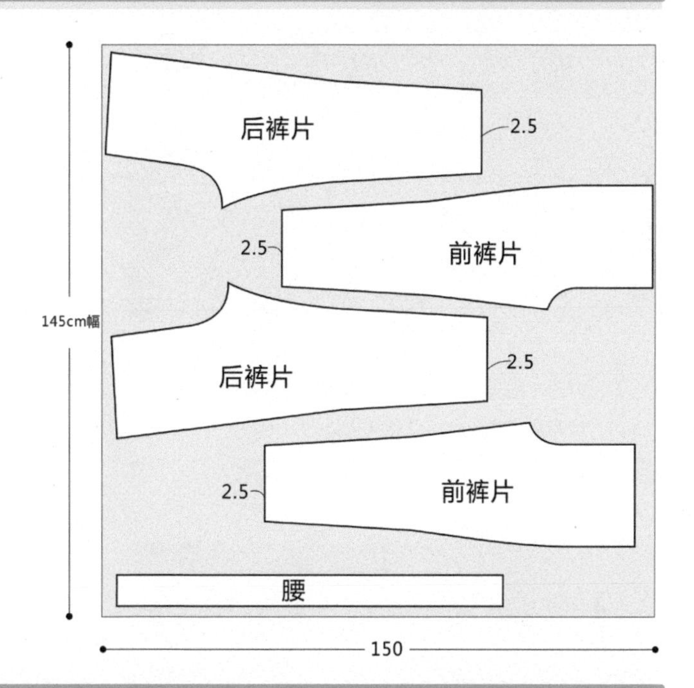

2.3.3 缝制方法

01 准备表布和松紧带。

02 准备两片前裤片，可以提前折烫裤脚，方便做折边缝。

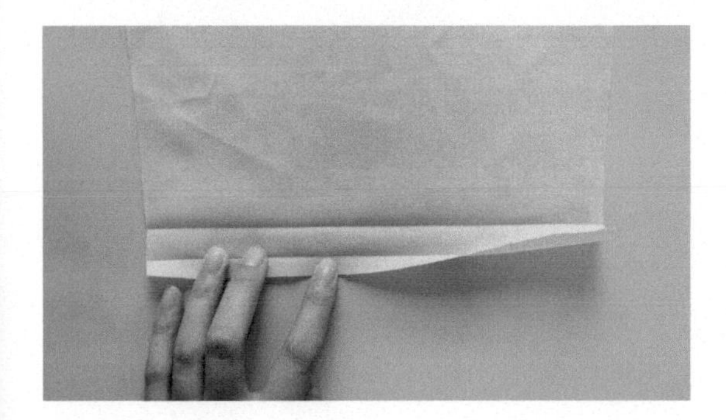

03 在前裤片上烫出图示痕迹。

04 准备两片后裤片，并折烫裤脚。

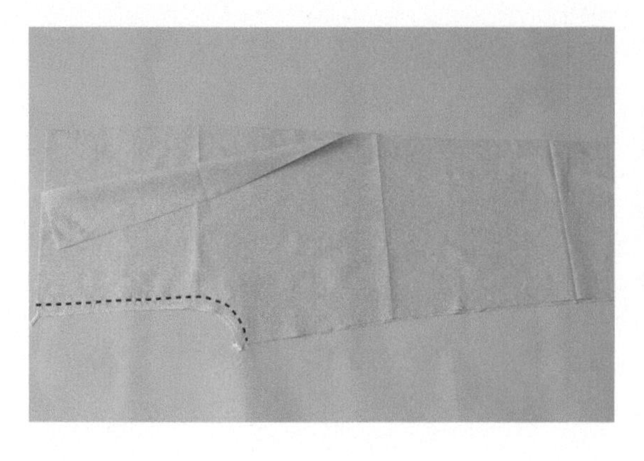

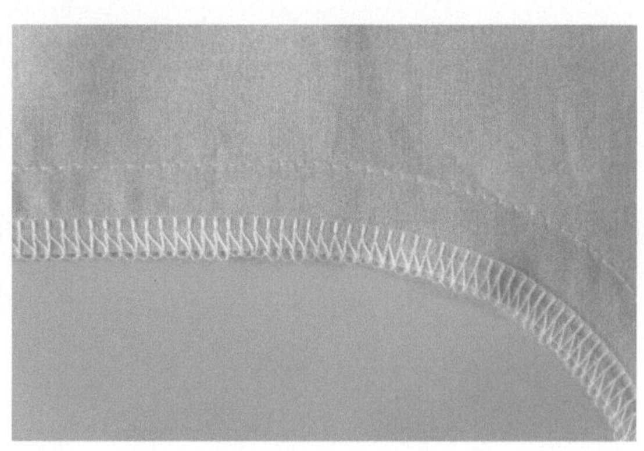

05 将两片前裤片正面相对，缝合图示的裆弧线，缝合线距边缘 1.5cm，并做拷边处理。

06 完成后是这样的。

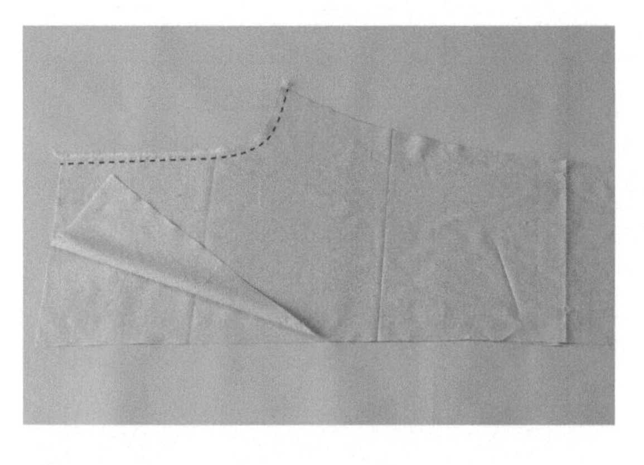

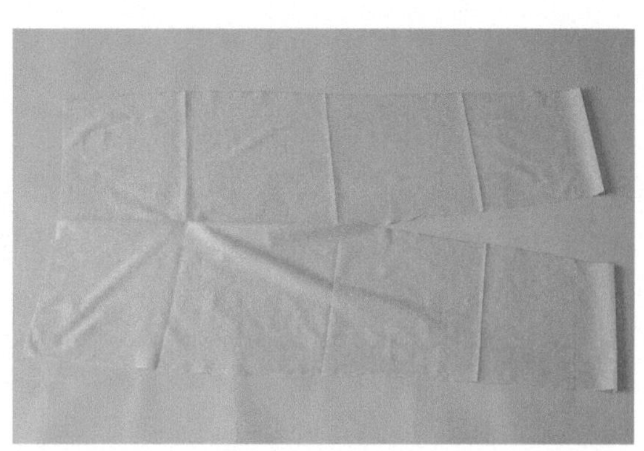

07 将两片后裤片正面相对，缝合图示的裆弧线，缝合线距边缘 1.5cm，并做拷边处理。

08 将前裤片分开，正面朝上。

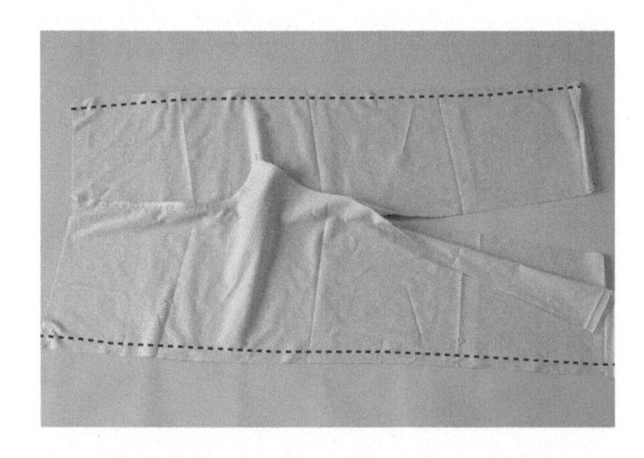

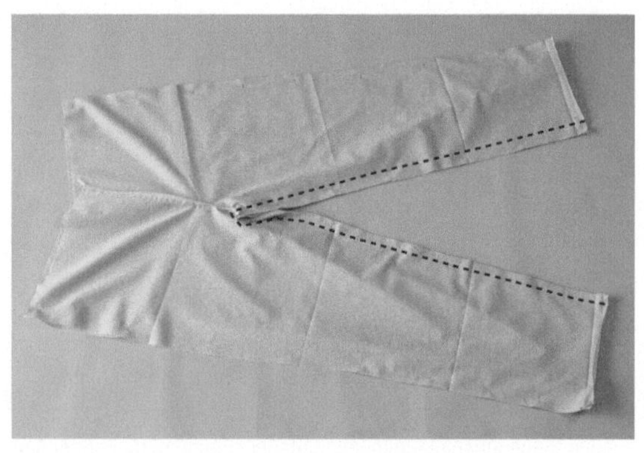

09 将后裤片分开，与前裤片正面相对，缝合侧边，缝合线距边缘 1.5cm，并做拷边处理。

10 缝合图示的下裆弧线，缝合线距边缘 1.5cm，并做拷边处理。

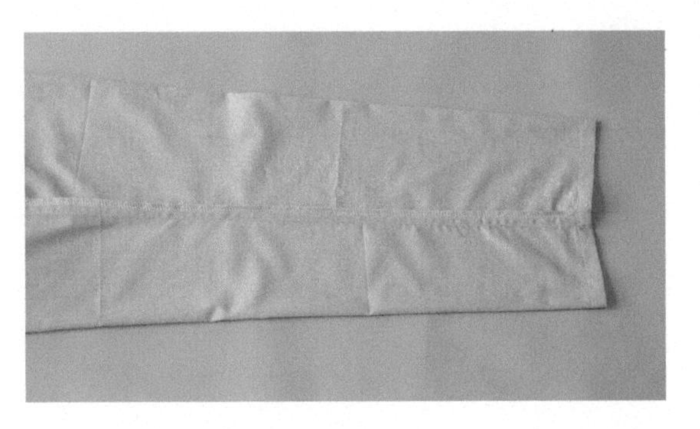

11 这是完成后的样子。

12 把裤脚口卷边缝好。

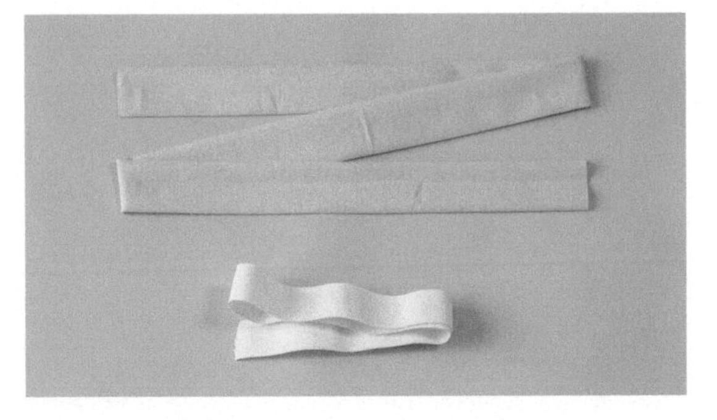

13 将裤腰片折烫处理好，准备好松紧带。

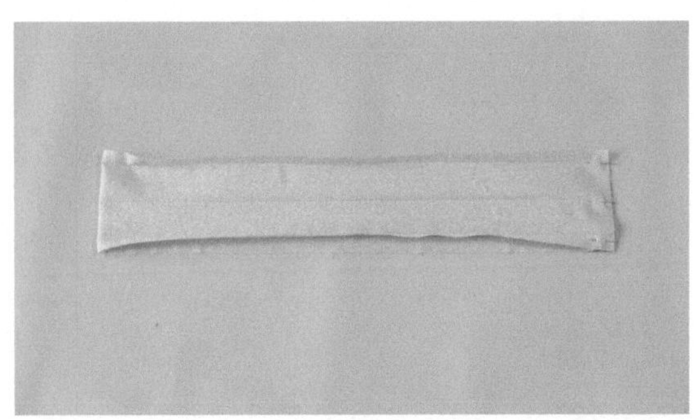

14 把裤腰片正面相对，缝合侧边，并用珠针暂时固定。

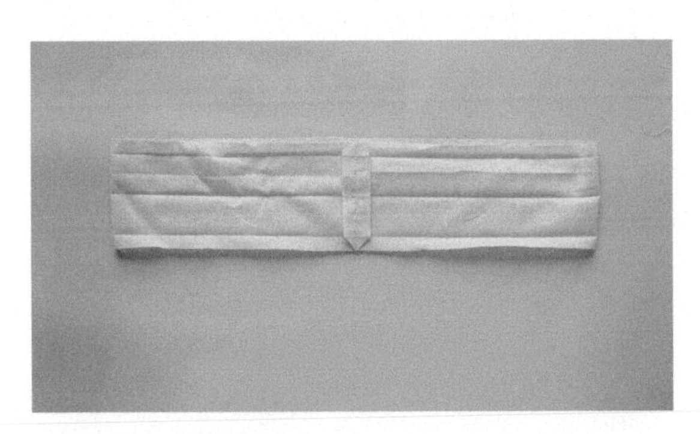

15 把缝份劈开烫好。

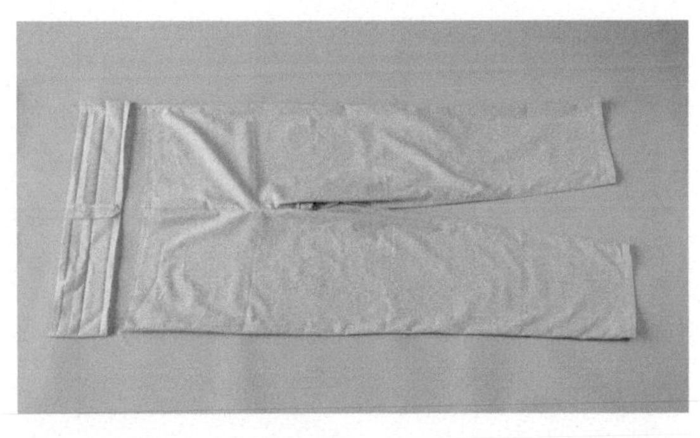

16 拿出缝合好的裤片。

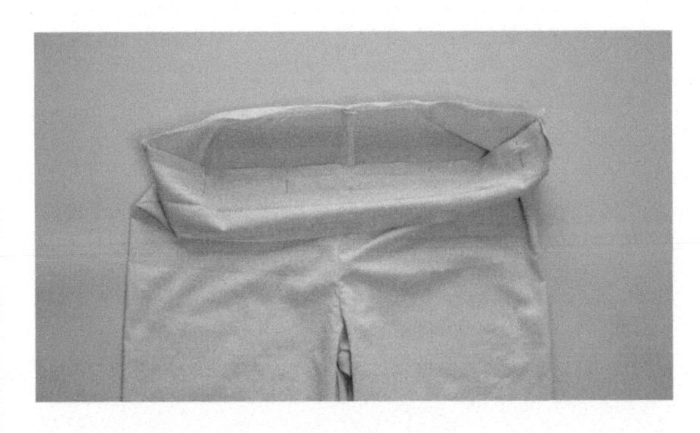

17 将裤腰片与裤片正面相对，沿着烫痕缝合，裤腰片侧缝边对齐裤片的侧缝边。

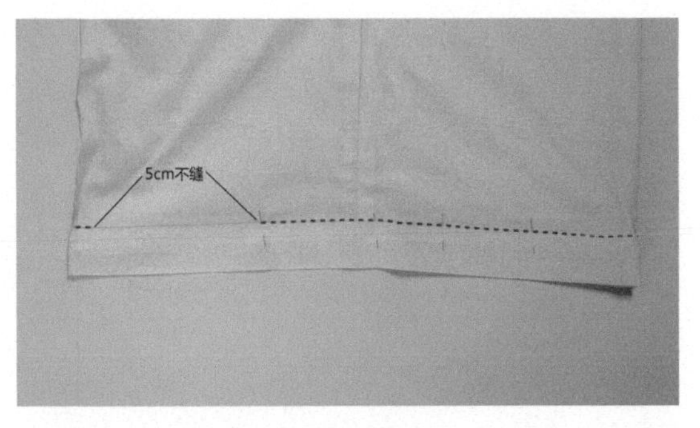

18 把裤腰片按照折痕包住裤腰线，用珠针固定好，但留出图示的 **5cm** 左右不缝，用来穿入松紧带。

19 用缝纫机沿着缝隙车缝。

20 这是车缝好正面的样子。

21 这是车缝好反面的样子。

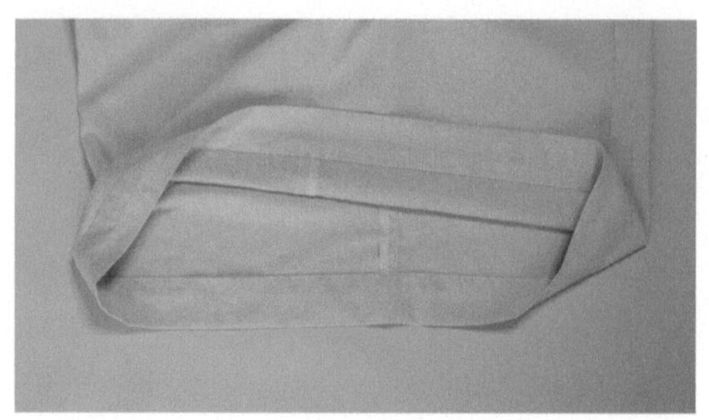

22 翻开裤腰，找到没有缝合的位置。

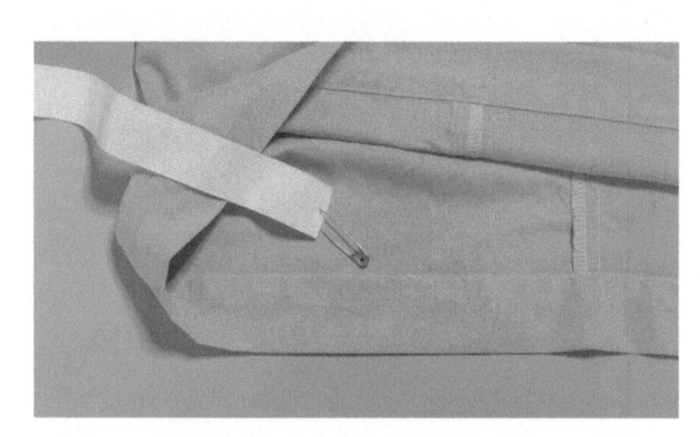

23 把松紧带一端用别针别好。

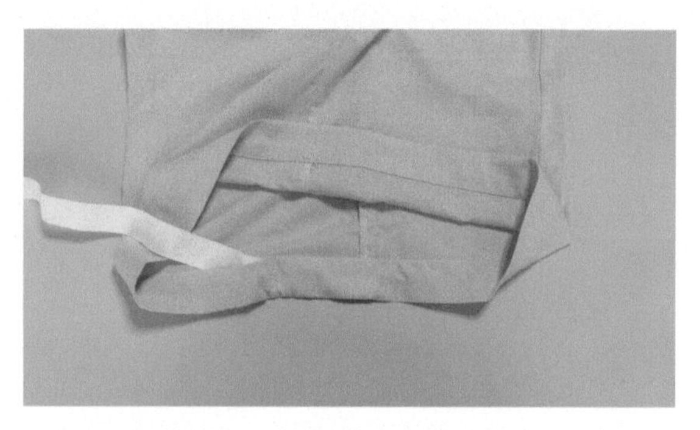

24 将松紧带从未缝合的位置穿入。

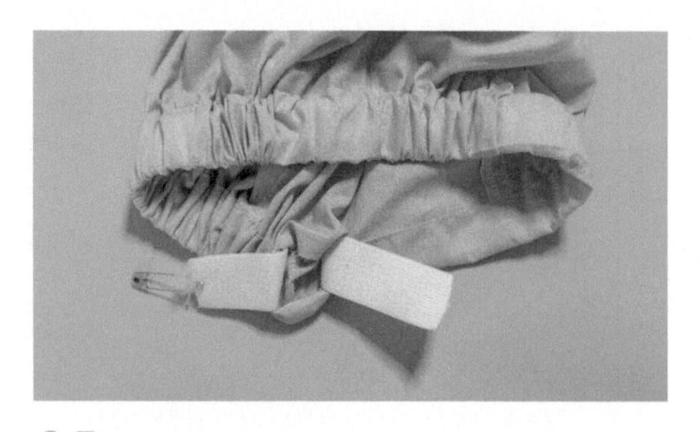

25 这是穿好松紧带的样子。

26 用珠针把松紧带首尾相叠加。

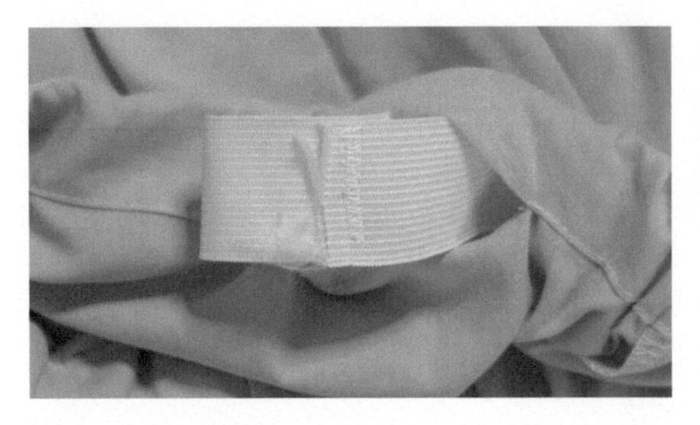

27 用缝纫机的 Z 字线迹对松紧带进行车缝固定。

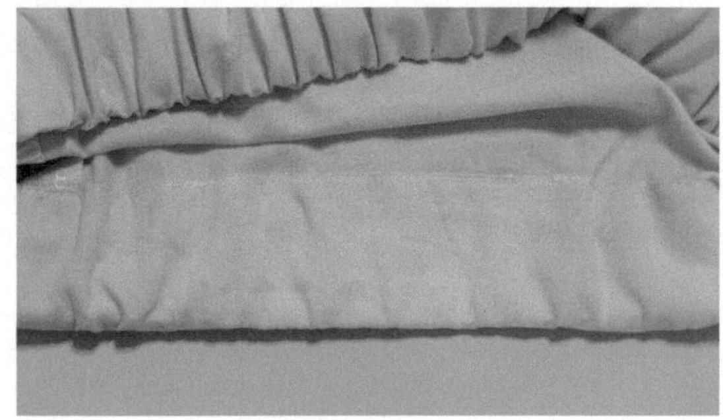

28 把此未缝合的位置缝合好。

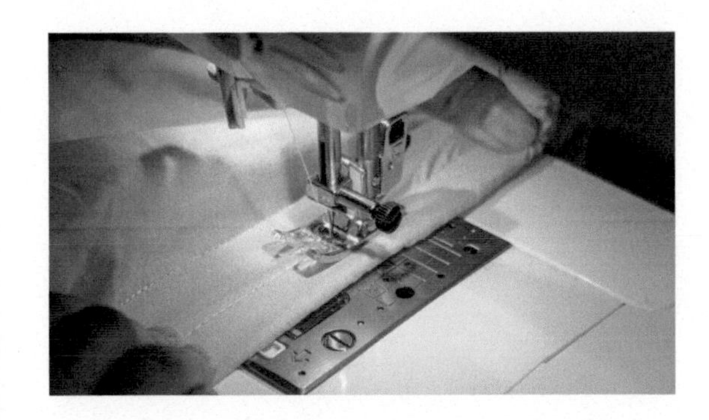

29 把裤腰拉扯均匀，绷直后在中间车缝一条线。

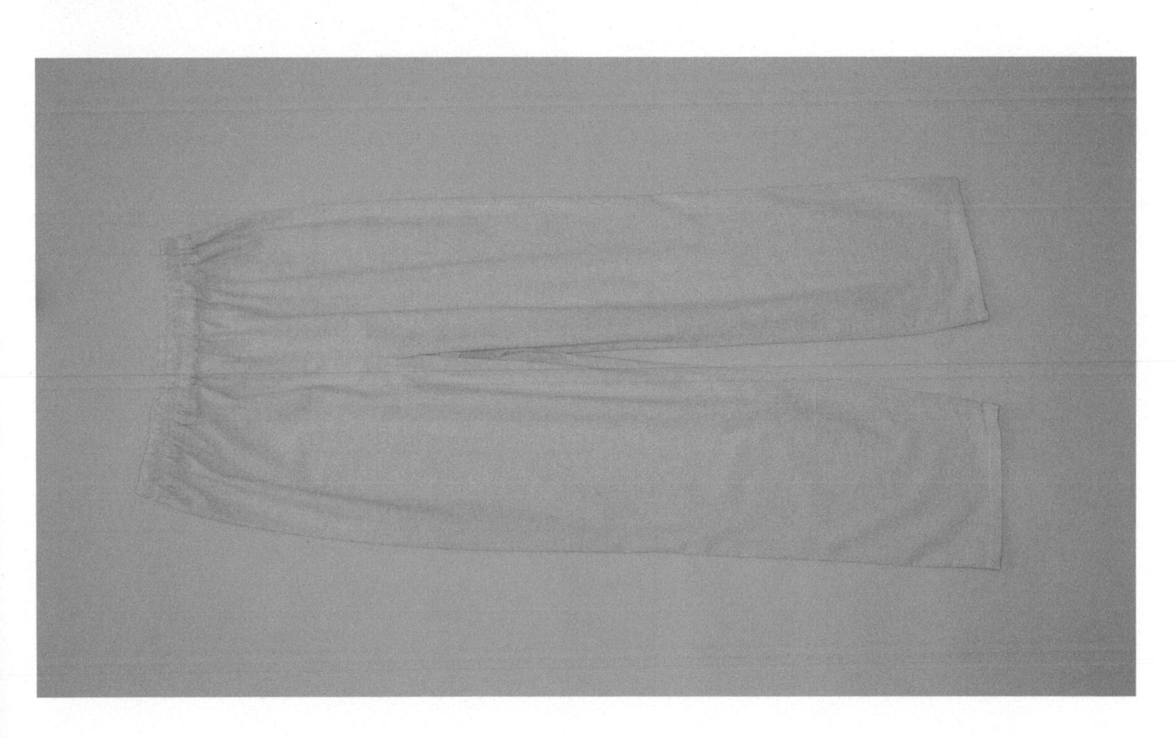

30 衬裤就制作完成了。

第3章 下装的款式

本章将介绍几种下装的制作。之所以先介绍下装，是因为下装比较容易制版和制作，尤其是裙子一类的服装，是比较适合新手练习的对象。本章示例的下装，可以根据自己的设计变换各种花样，但是制作思路都是一样的。

3.1 马面裙

马面裙，又名“马面褶裙”，是汉服当中最常见、最主要的裙子样式之一，常常出现在明制的搭配中，非常百搭，根据不同的布料材质，可以制作成礼服或者日常装，而且制作起来也比较简单。

3.1.1 款式设计和制版

马面裙是一种两片裙，有共同的裙腰，裙子分为裙门和裙胁。裙胁也叫作打褶区，裙门分前裙门和后裙门，褶子为合抱褶，又叫工字褶，前后裙门会叠搭。因为裙子是由两片裙片组成的，可以把每片裙片叫作一个“裙联”。此处选择的是 4.5m 的裙摆，摆围的长度也可以自己制定。该款式常用来搭配明制的衫和袄，也可以在日常生活中穿。这次做的款式是平行褶马面裙，选择的是底部有织金花纹的面料，制作起来比较简单。

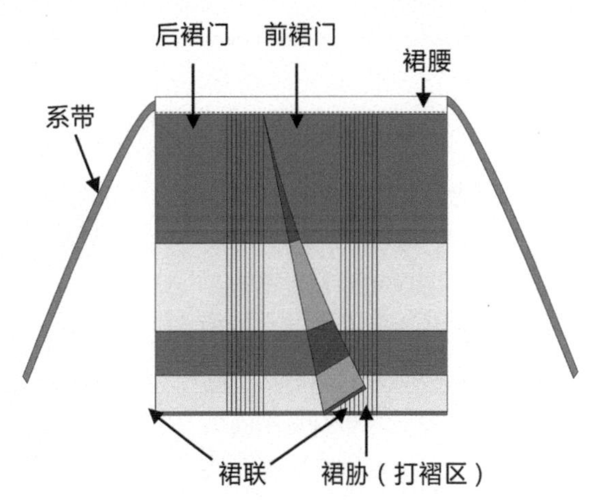

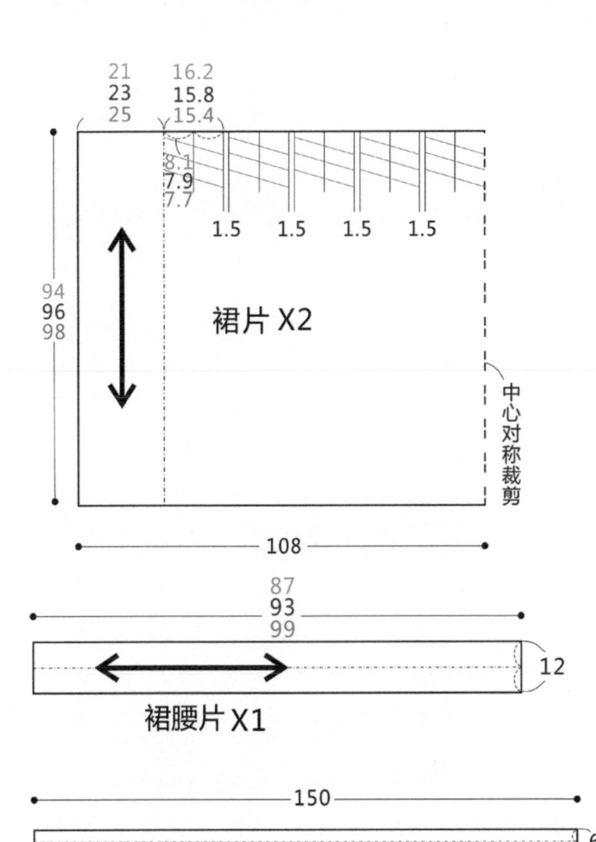

左图所示的数据为 S/M/L 三个码的制版数据。浅蓝色是 S 码的数据，蓝色是 M 码的数据，橙色是 L 码的数据，黑色是共同数据。

3.1.2 放缝、排料与裁剪

下图为排料图。图中数字为缝份数据，未标注的边的缝份都是 1.5cm。

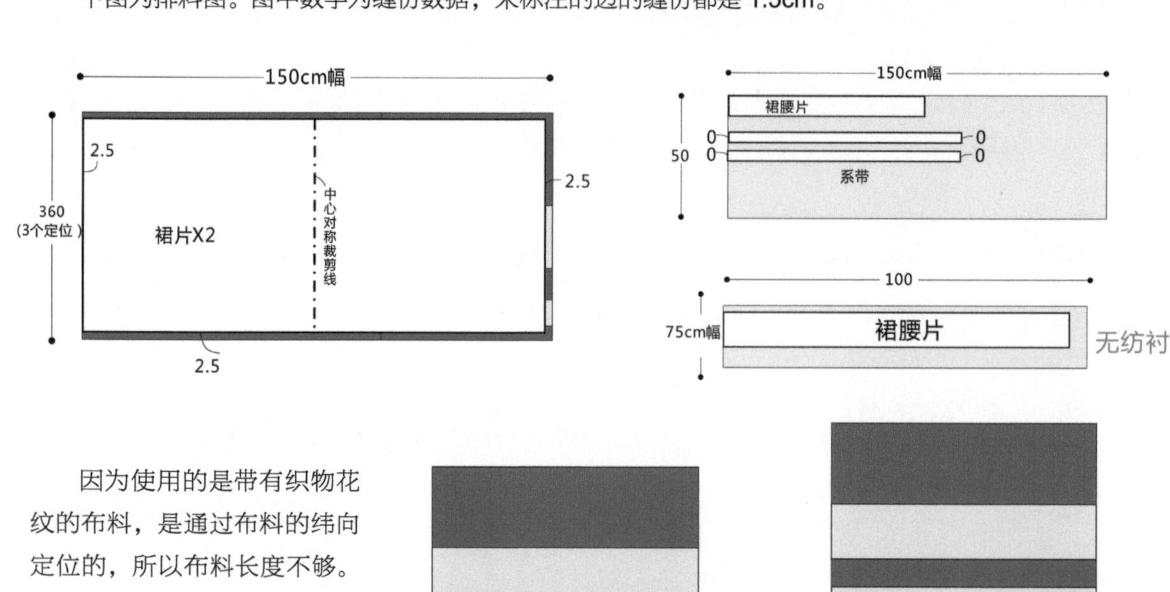

因为使用的是带有织物花纹的布料，是通过布料的纬向定位的，所以布料长度不够。可以通过将布料裁剪成三块相同的小布料的方式解决这个问题。将其中一块布料从中间剪开，把它们分别接到另外两块布料上，就可以制作了。

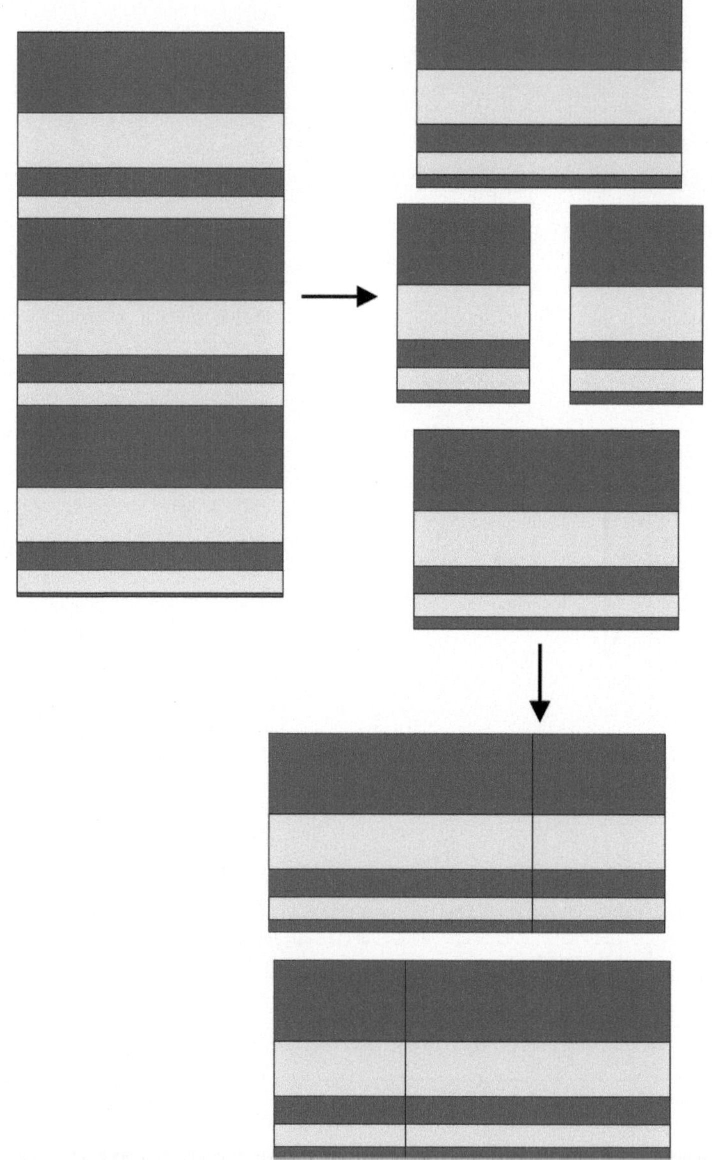

3.1.3 缝制方法

01 将布料和衬布按照前述尺寸裁剪好。

02 将无纺衬的反面，即粗糙的、有颗粒的一面，对齐放在腰头布料的反面，用熨斗压烫。

03 将腰头布料提前熨烫好。

04 这是腰头放大后的样子。

05 将系带布料正面相对，在距离边缘 1cm 处开始缝合，注意要在每个系带一端做一个 60° 左右的尖角。

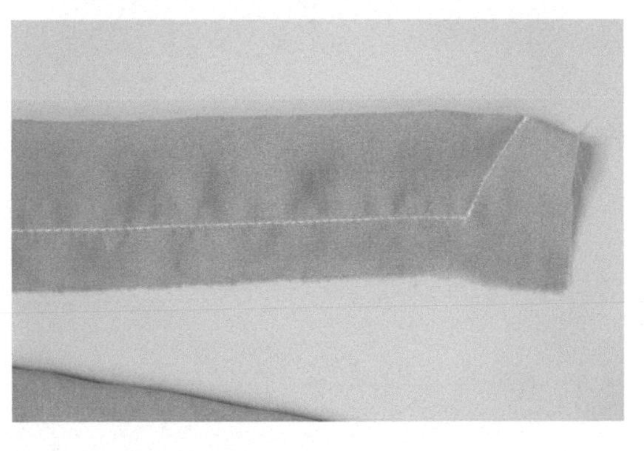

06 这是系带有尖角的一端放大后的样子。

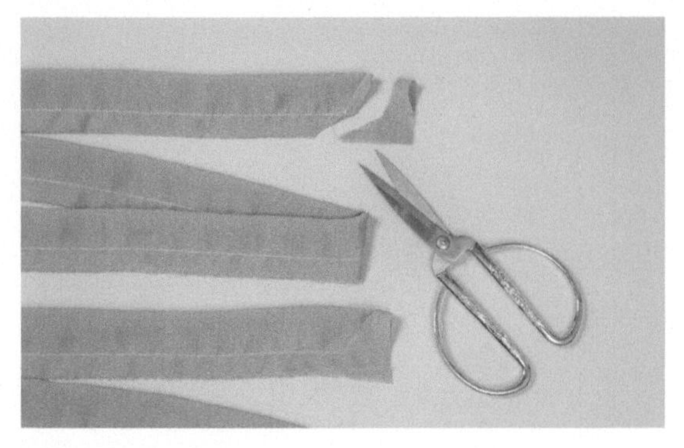

07 将尖角修剪一下。

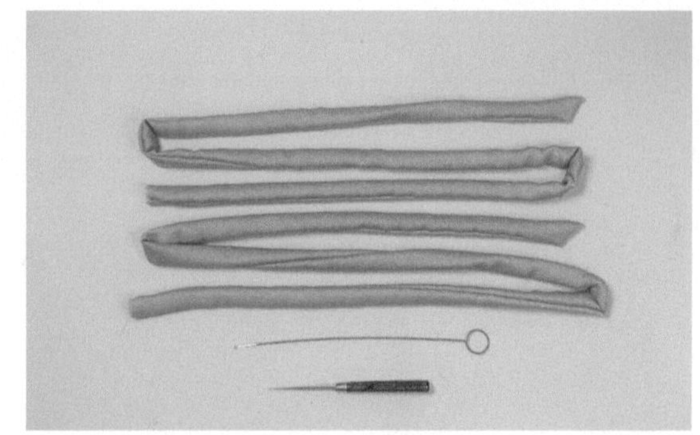

08 用翻绳器把系带翻为正面，用锥子把尖角挑出。

09 熨烫整齐。

10 将裙片布料准备好。

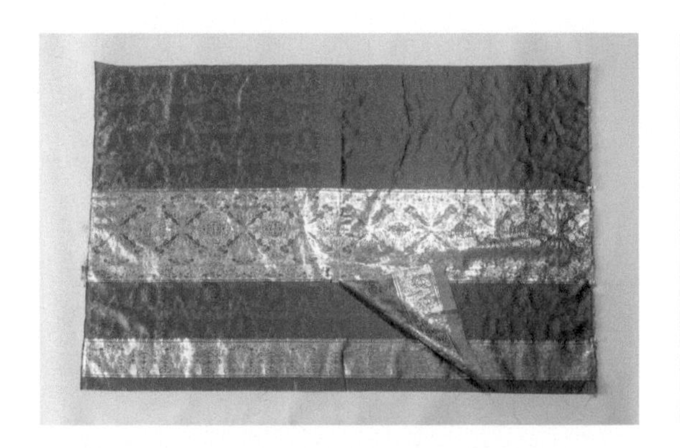

11 将其中一片大的裙片和小的裙片的一侧对齐，注意花纹的正反和上下，用来去缝的方法拼缝好。来去缝的操作方法可参考“1.3.2 机缝的基本技法”中的“来去缝”。

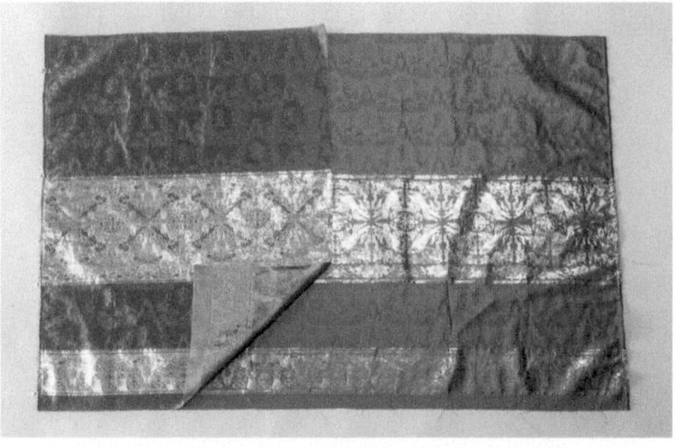

12 将另一片大的裙片和小的裙片的相反的一侧对齐，注意花纹的正反和上下，用来去缝的方法拼缝好。

13 这是来去缝的完成效果。

14 将两块拼缝好的布料的两侧边、底边卷边缝好。卷边缝的操作方法可参考“1.3.2 机缝的基本技法”中的“卷边缝”。

15 这是卷边缝的完成效果。

16 拿出其中一片裙片，在裙片正面未卷边的一边，也就是上腰的一边，用珠针做出记号。

17 从裙片中心线处开始打褶，找到中点，把标好记号的边往中心对折。注意靠近中心线的第一个记号所在处是折进去的边，第二个记号所在处是折边，对齐中心线固定。

18 第三个记号所在处是露出来的边，第四个记号所在处是折进去的边，第五个记号对应的边对齐第三个记号所在的边。如图所示，正好露出宽 1.5cm 的褶子。

19 用同样的方法做出第三组褶子。

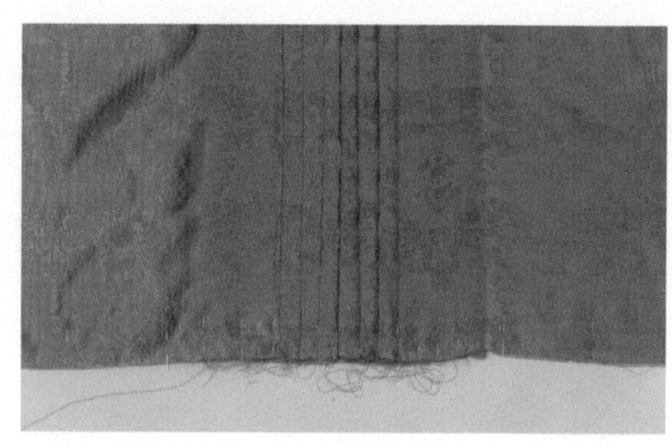

20 用同样的方法做出第四组褶子。

21 用同样的方法做出第五组褶子。

22 褶子都做出后可以在距离褶边 1cm 处缝一条临时固定线，防止褶子松散。完成后，量一下褶子是否上下等长，是否平行美观。

23 用同样的方法做出另一片裙片的褶子。因为布料容易散边，可在缝完临时固定线后，用锁边机锁边。

24 用右边裙片的裙门盖住左边裙片的裙门，然后把上腰的一边、重合的部分临时缝合固定起来。

25 开始上裙腰片。把熨烫好的裙腰片展开，把折烫进去、缝份宽的一边对齐裙片的裙腰，正面相对，用珠针均匀地固定整齐。

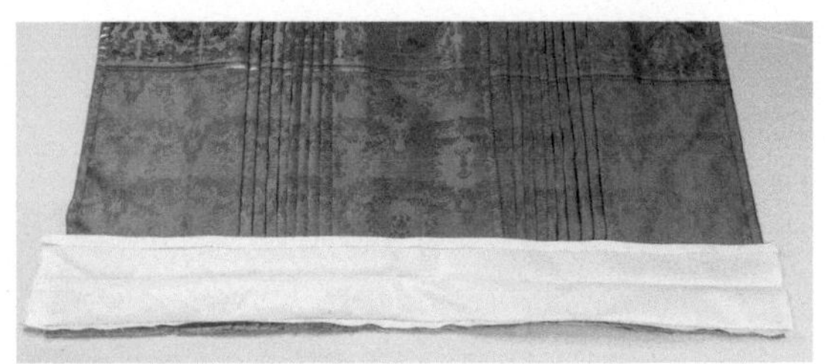

26 沿着折痕缝合。

27 这是完成后腰头反面的样子。

28 这是完成后裙片反面的样子。

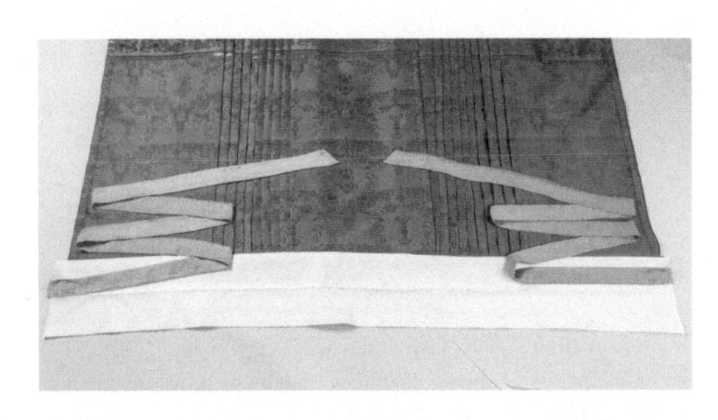

29 把腰头翻过来，正面朝上，把系带用珠针固定在腰头两端，注意系带尖角的方向要对称。

30 左边的系带的被缝合部分要对准腰头中心折烫线。

31 右边系带的被缝合部分要位于腰头中心折烫线和裙腰中间。

32 把腰头沿着中心折烫线反向折回到裙腰上，腰头的边缘要超过裙腰上的缝线 0.2cm 左右，用珠针均匀固定，然后画一条裙边的延长线。

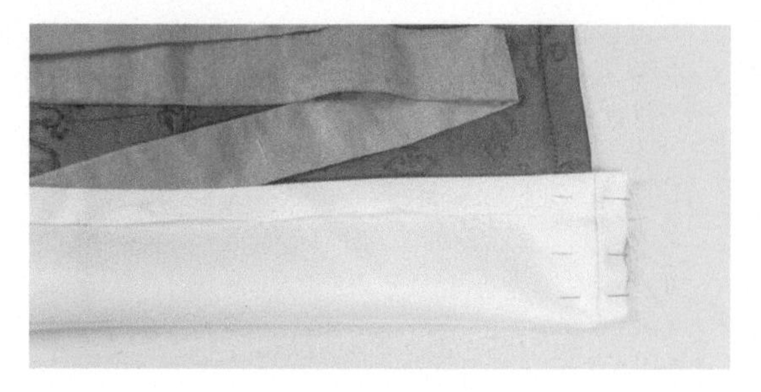

33 用同样的方法处理另一边。

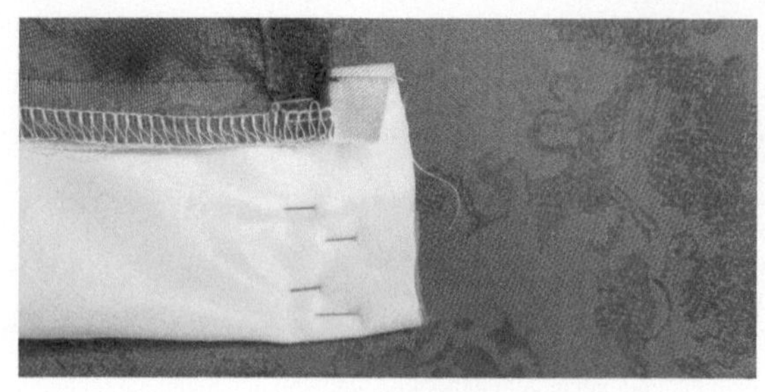

34 这是固定好后腰头反面的样子，腰头与裙片有 0.2cm 左右长的差值。

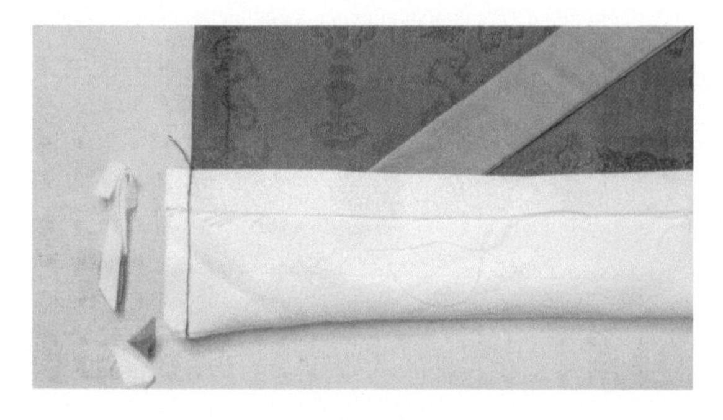

35 沿着画好的线缝合，修剪缝份和尖角。

36 用同样的方法处理另一边。

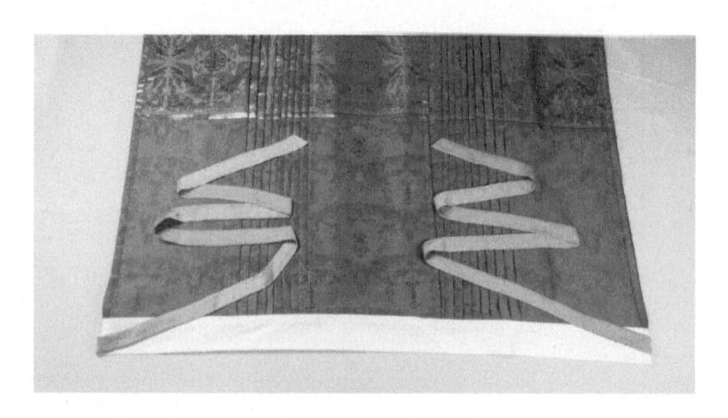

37 把裙腰片翻到正面。

38 裙片正面朝上，把珠针插入裙腰上的缝中。

39 珠针正好可以落到图示中腰头反面，距离底边 0.2cm 左右。

40 别好珠针。

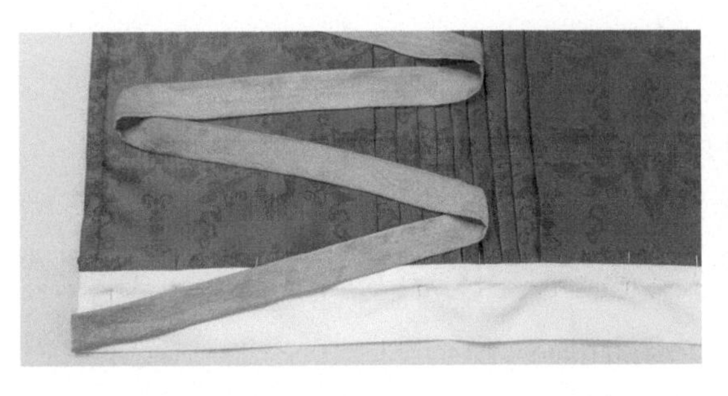

41 把整个裙腰片都以这种方法用珠针均匀固定好。

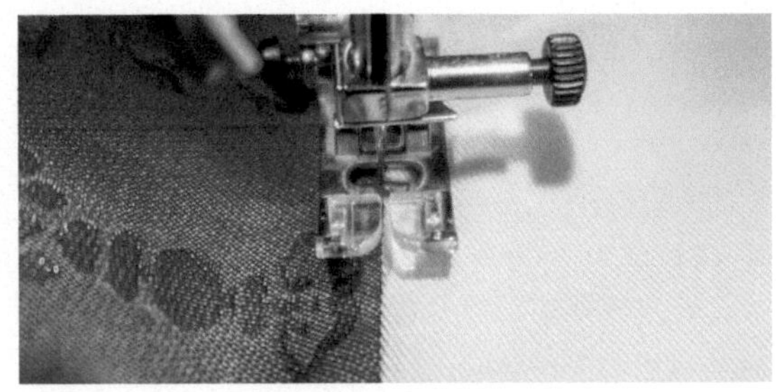

42 用缝纫机在裙腰片正面的缝里车缝，两端需要倒针。

43 裙腰片就上好了，这是正面的样子。

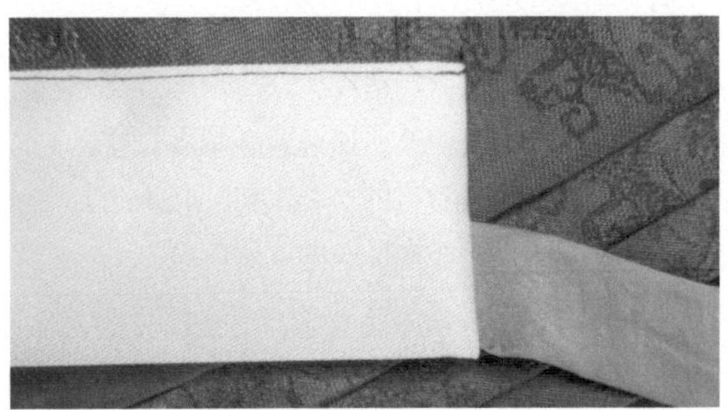

44 这是裙腰片上好后反面的样子。

45 这是马面裙完成后的样子。

3.2 一片式褶裙

一片式褶裙，顾名思义，是一种一片裙，裙身是一整片的，有一片裙腰片，两端各有一根系带。一片式褶裙的形制存疑，没有具体的文物作为支撑，可以将该类裙子作为一种穿搭的款式。这种裙子制作起来非常简单，通过改变裙身的长度，可以做出齐胸裙和齐腰裙。一片式褶裙在汉服穿搭中属于常见的裙子。

3.2.1 款式设计和制版

一片式褶裙由一片裙片、一片裙腰片、两根系带组成。裙子是一块长方形的布块，通过打顺褶的方式，将布料隐藏进腰头。通过改变裙身长度，可以做出齐胸裙或齐腰裙。我们常通过改变裙片的摆宽来决定裙子的摆围，常见的有 3m 摆、4.5m 摆、6m 摆等。这次将示范一个 3m 摆的齐胸裙的制作过程，大家也可以通过改变各种数据来制作自己心仪的裙子。

这次用的布料是印花雪纺，雪纺比较透，在用这种布料制作这类裙子的时候，应再制作一块纯棉的打底裙。打底裙与雪纺裙的不同之处在于裙长，打底裙的裙长要适当短一些，短 10cm 左右即可。打底裙应使用棉布制作，因为棉布的摩擦力比较大，可以更好地挂住裙子，但是棉质布料容易皱。

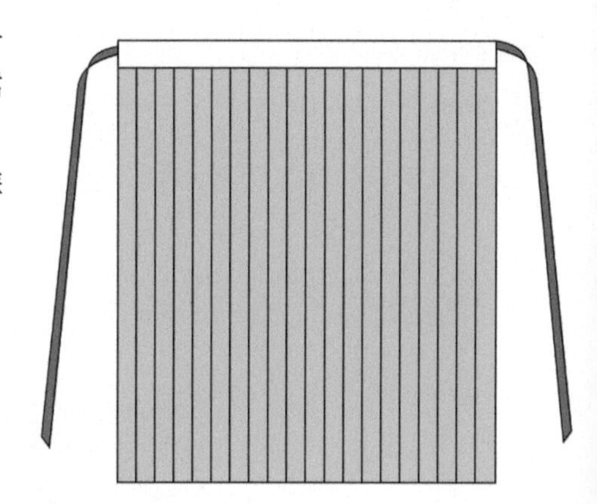

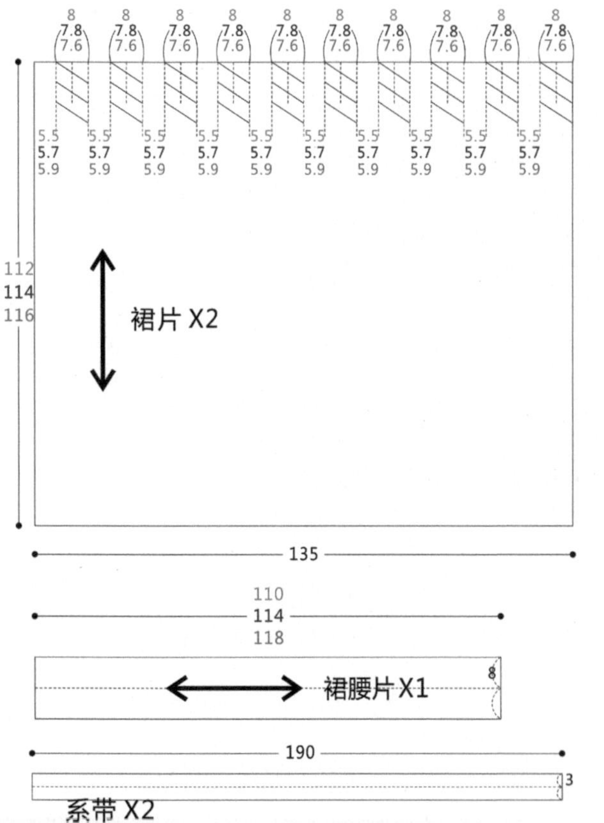

左图所示的数据为 S/M/L 三个码的制版数据。浅蓝色是 S 码的数据，蓝色是 M 码的数据，橙色是 L 码的数据，黑色是共同数据。

3.2.2 放缝、排料与裁剪

右边为排料图。图中数字为缝份数据，未标注的边的缝份都是 1.5cm。

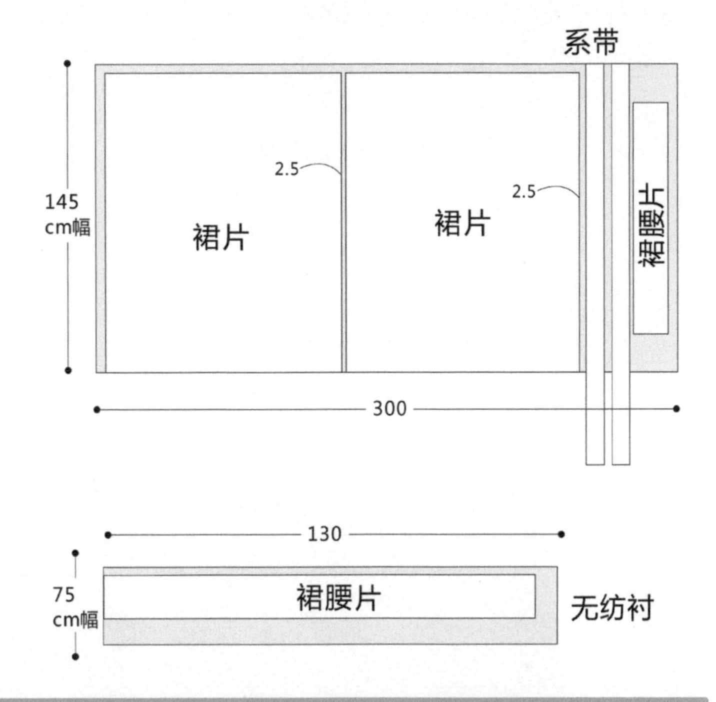

3.2.3 缝制方法

01 准备材料。褶裙的制作方法与马面裙的制作方法一样，只是打褶方式不同。本小节只详细介绍打褶方式，其他步骤可参考马面裙的制作方法。

02 用珠针、水消笔或线头把需要打褶的标记做出来。

03 按照图中的方式做出第一对褶子。

04 固定第二对褶子。

05 固定第三对褶子。

06 把所有褶子都按照同样的方法做好，并车缝一条距裙边 1cm 左右的临时固定线。

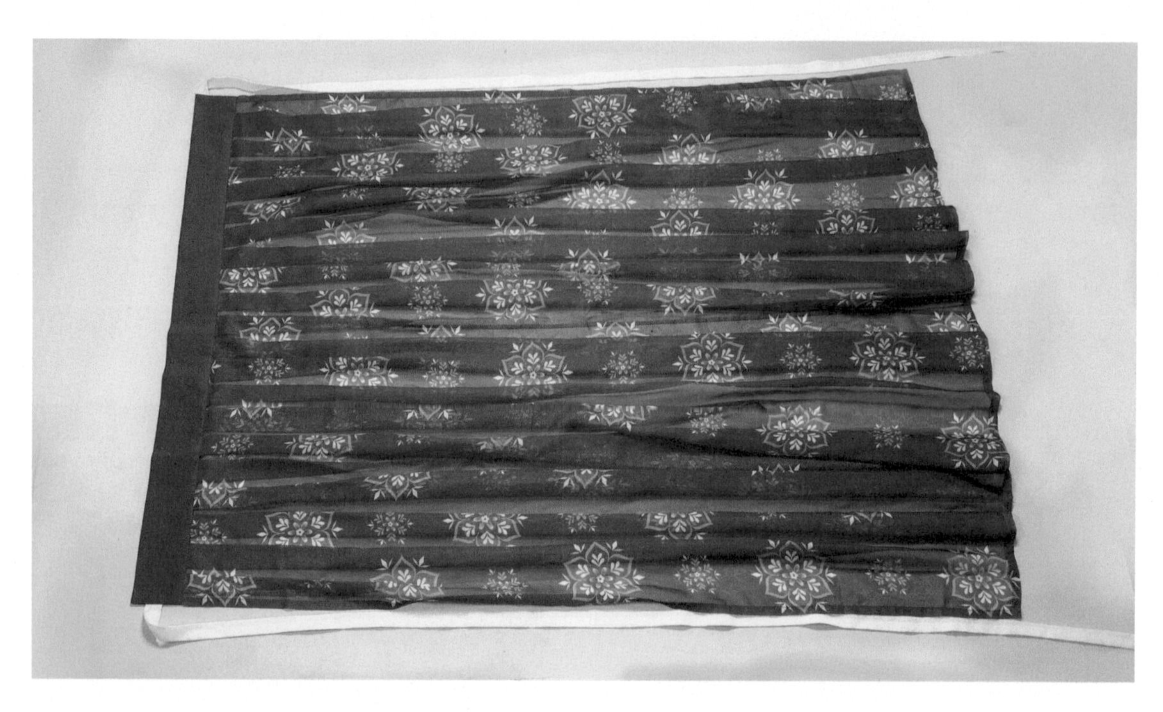

07 按前述方法制作裙腰和系带后，褶裙就制作完成了。

3.3 交窬裙

交窬裙是一款唐代流行的裙子，这种裙子一般是将多块梯形布料通过斜边和直角边的多种拼接方式组合而成的。一般制作交窬裙时会将两种颜色的布料做撞色处理，交窬裙是唐代典型的裙子。

3.3.1 款式设计和制版

交窬裙一般由分割成的多块梯形布料撞色拼接而成，腰头为一片式，两端有系带，通过改变裙身的长度，可以做出齐胸裙和齐腰裙。

这次用的布料是纯色的 100D 雪纺，这种雪纺不透，可以直接穿。如果要做真丝款的，可以使用重磅的真丝双绉或双乔布料。

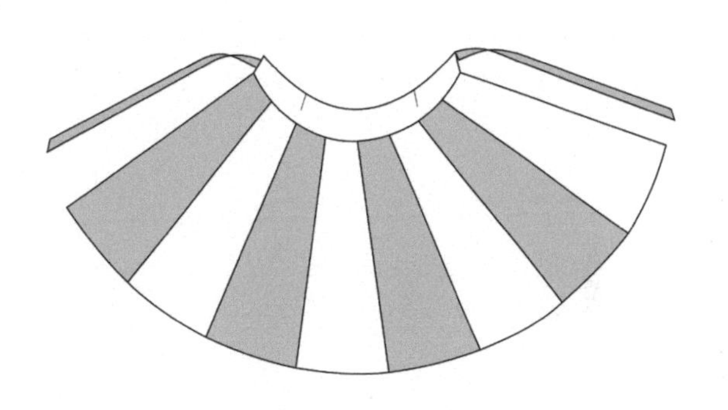

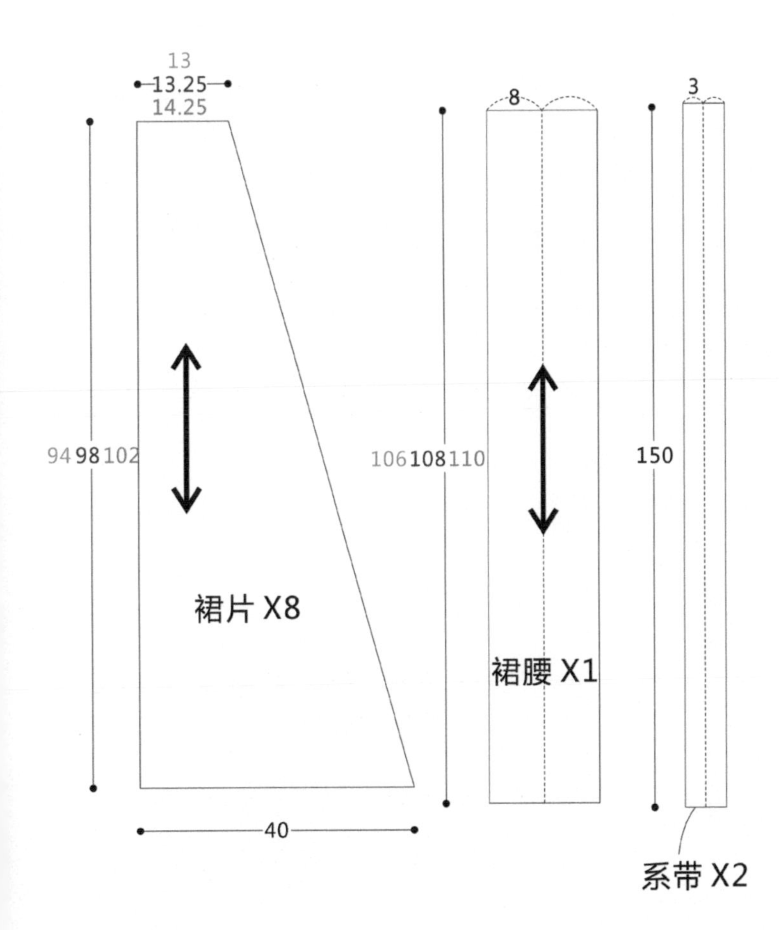

左图所示的数据为 S/M/L 三个码的制版数据。浅蓝色是 S 码的数据，蓝色是 M 码的数据，橙色是 L 码的数据，黑色是共同数据。

3.3.2 放缝、排料与裁剪

右边为排料图。图中数字为缝份数据，未标注的边的缝份都是 1.5cm。

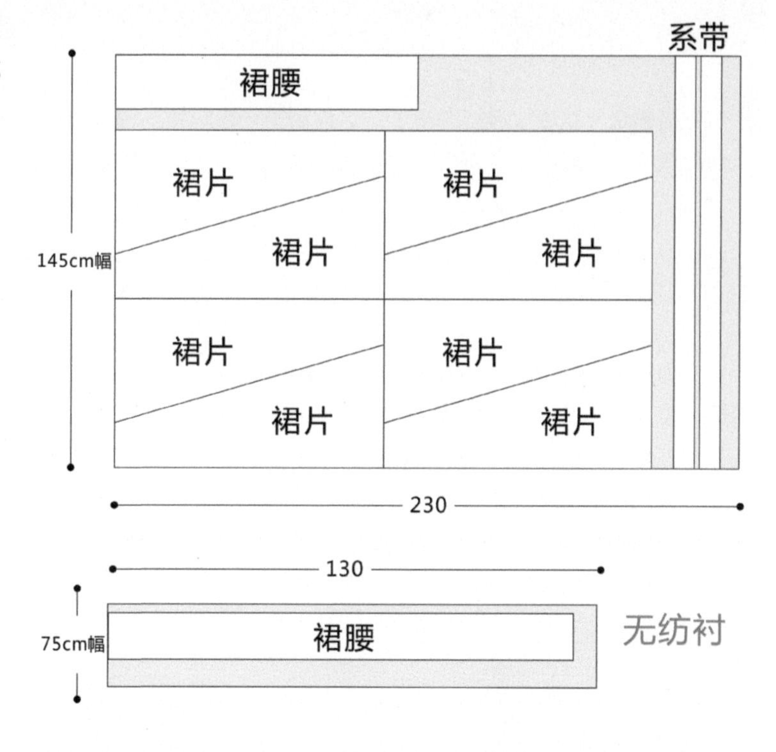

3.3.3 缝制方法

01 交裥裙可以用两种颜色反差大的布料制作，这样会更加美观。

02 将八片裙片按照斜边与直角边对齐的方式拼接起来，用来去缝缝合。

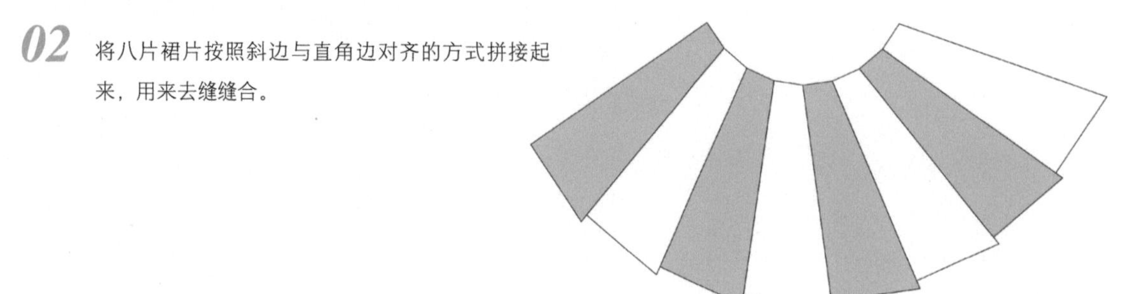

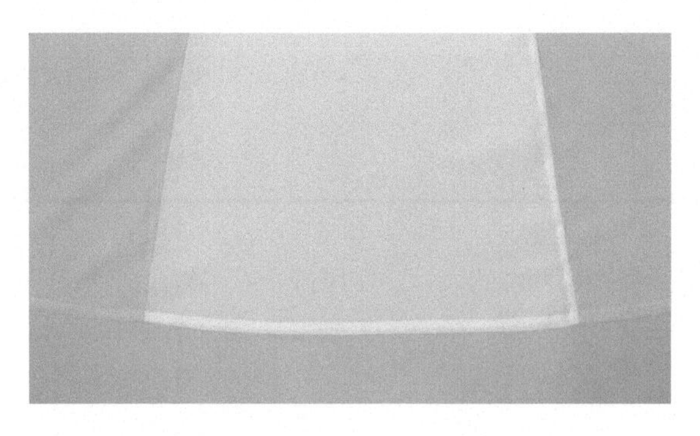

03 把底边修剪成弧线，将底边与两侧边做卷边处理。

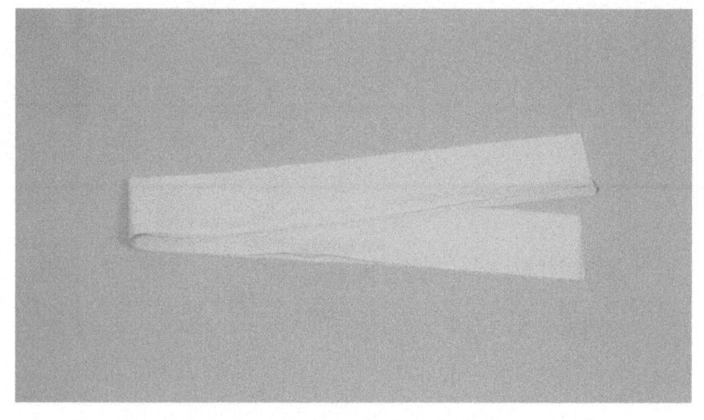

04 将腰头做折烫处理。具体方法可参考“1.3.4 布料预处理、排料和裁剪”中“处理缘边”。

05 将两根系带车缝好并翻折到正面。

06 将腰头和系带与裙身相车缝。具体方法可参考“1.3.4 布料预处理、排料和裁剪”中“处理上衣缘/腰头”。

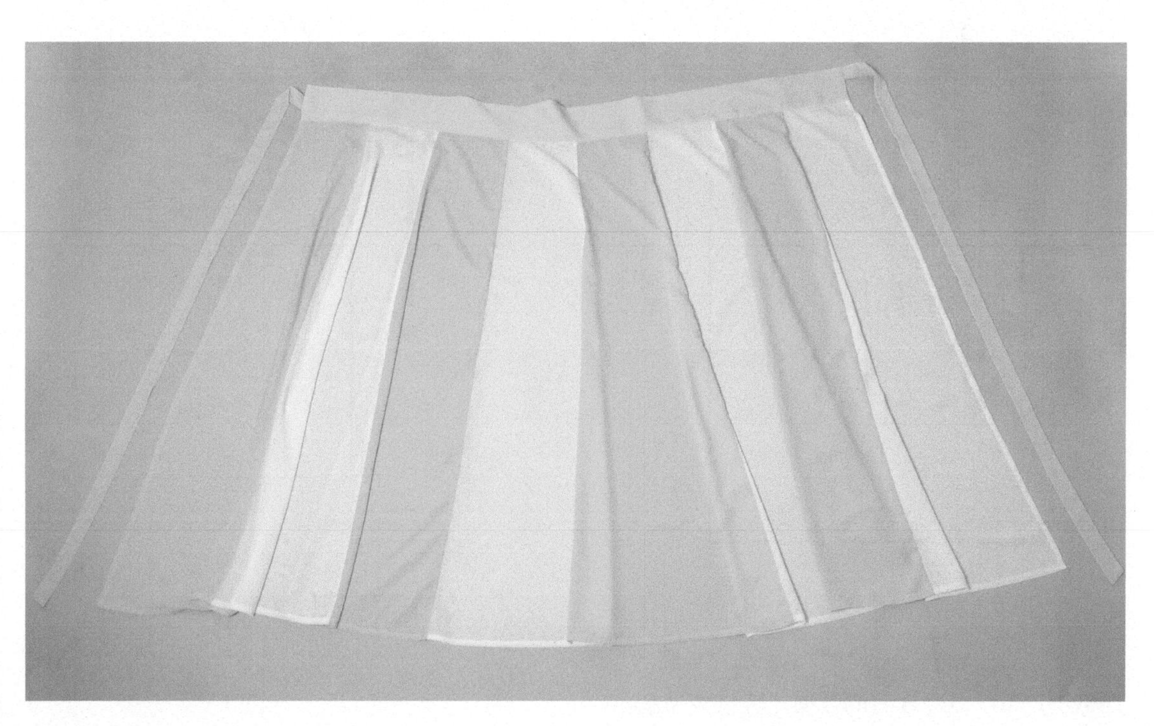

07 交窬裙就做好了。

3.4 改良宋裤

改良宋裤是在原版宋裤基础上，加上了裆线、松紧带和假两件的设计，使得裤子更加飘逸灵动，是改良汉服体系当中最常见的裤子样式之一，常出现在宋制的搭配中，有“亭亭玉立”“清新雅致”之风。

3.4.1 款式设计和制版

改良宋裤是由两层裤片组成的，分为外裤片和里裤片，都比较宽松，有共同的腰头，其中外裤片有侧开衩，一直开到臀部，这使得裤子更加飘逸灵动。制作的时候可以只做里裤片，也可以做双层裤片。同样，可以添加一对或两对系带，也可以不添加，也可以自由调整裤子的长度。

在布料方面，本次选用了和褙子同款的布料，能起到呼应的作用。大家在制作的时候，也可以考虑一整套服装的呼应感。

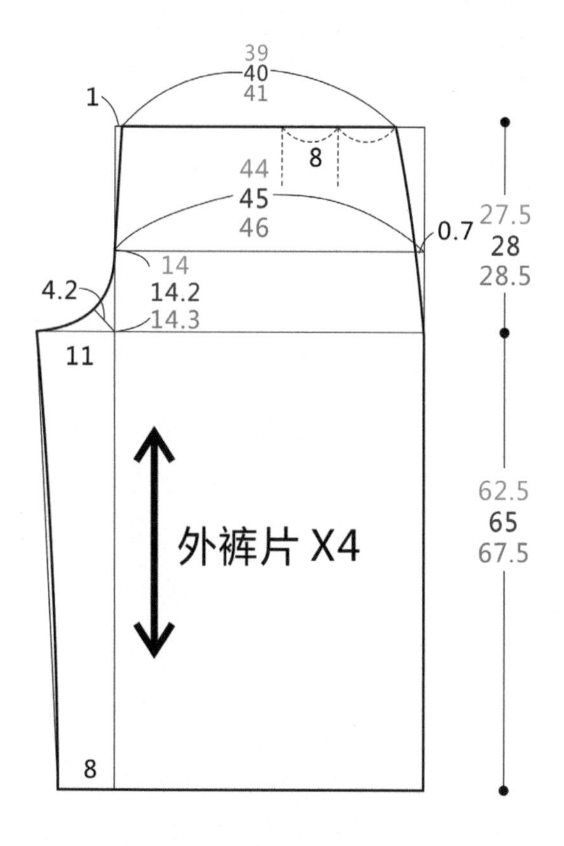

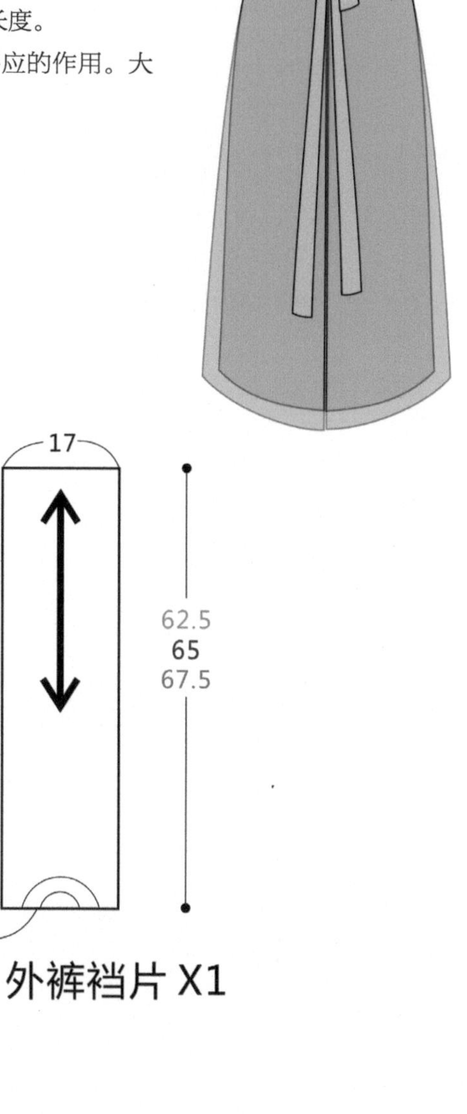

上图及右图所示的数据为 S/M/L 三个码的制版数据。浅蓝色是 S 码的数据，蓝色是 M 码的数据，橙色是 L 码的数据，黑色是共同数据。

3.4.2 放缝、排料与裁剪

右边为排料图。图中数字为缝份数据，未标注的边的缝份都是 1.5cm。

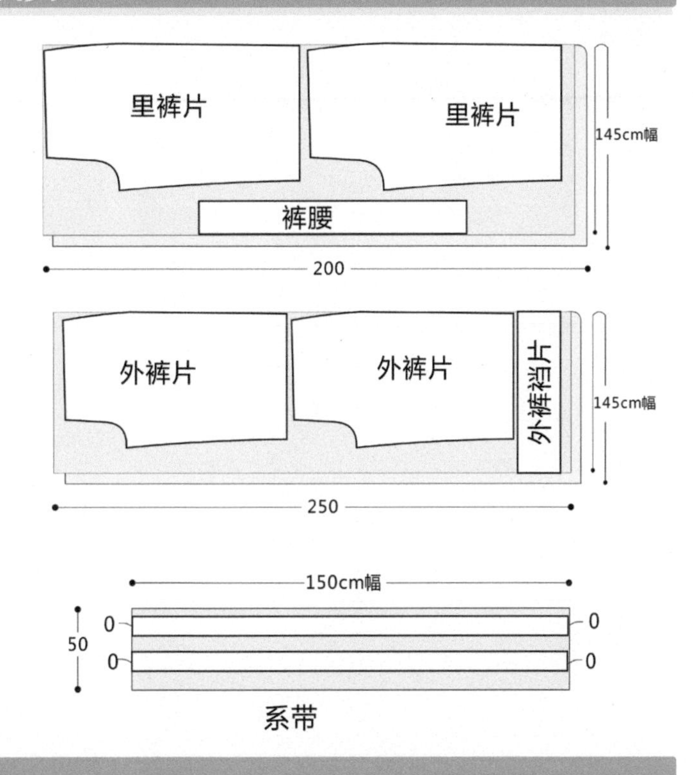

3.4.3 缝制方法

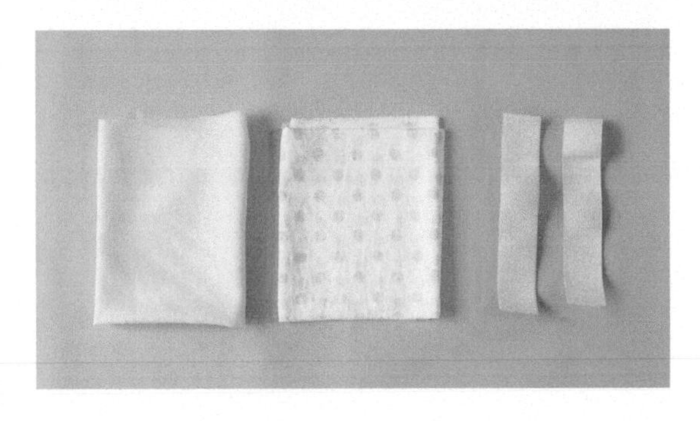

01 准备外裤布料和里裤布料，以及松紧带。

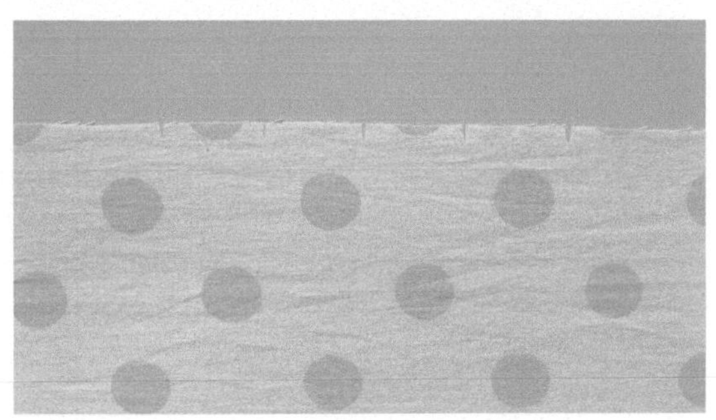

02 用打剪口的方式在里裤片上做出褶皱的标记。

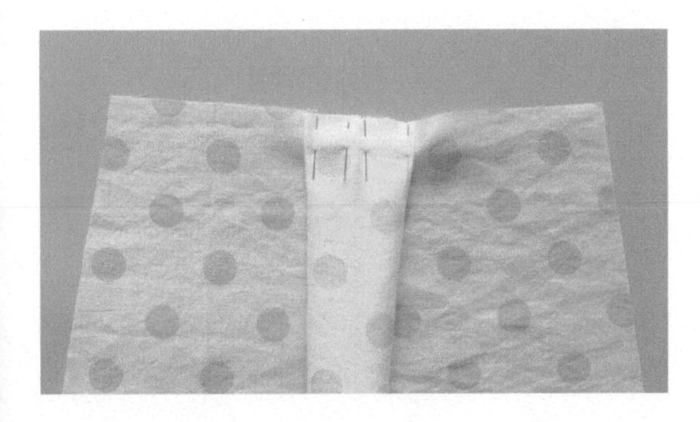

03 按照图中的方式做出工字褶。

04 四片里裤片，两两一对，依次做好褶皱。

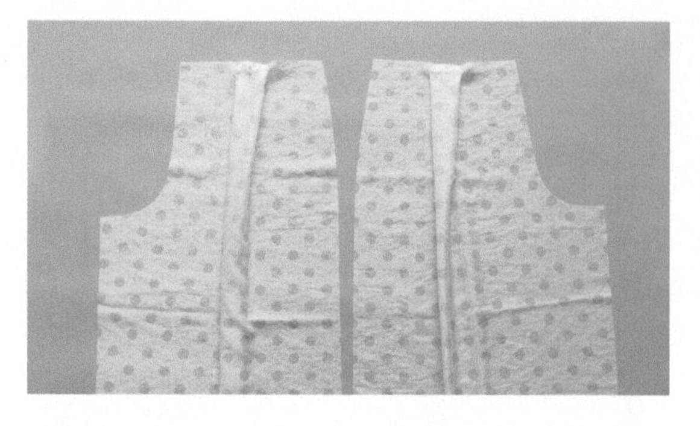

05 在距离边缘 1cm 左右的位置缝合，临时固定。

06 用打剪口的方式在外裤片上做出褶皱的标记。

07 按照图中的方式做出顺褶。

08 四片外裤片，两两一对，用同样的方法做出褶皱。

09 在距离边缘 1cm 左右的位置缝合，临时固定。

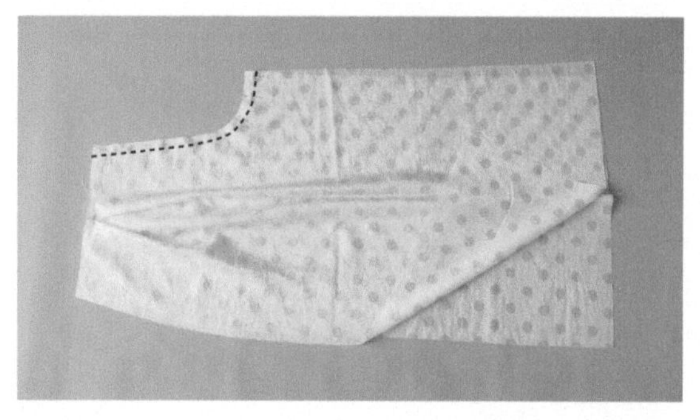

10 将每对里裤片，正面相对，缝合图示的裆弧线。

11 留出 1.5cm 的缝份，并做拷边处理。

12 将每对外裤片，正面相对，缝合图示的裆弧线。

13 留出 1.5cm 的缝份，并做拷边处理。

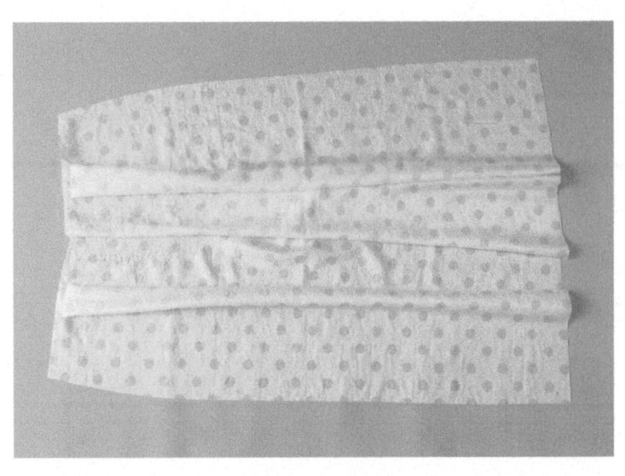

14 将一对里裤片分开，正面朝上。

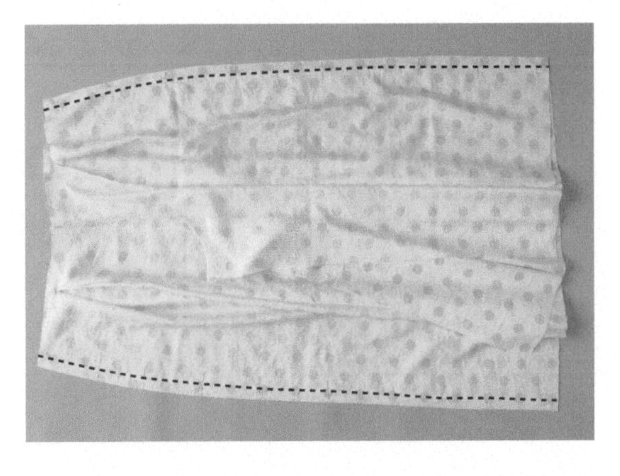

15 将另一对里裤片与第一对里裤片正面相对，在距离侧边 1.5cm 处侧缝，并做拷边处理。

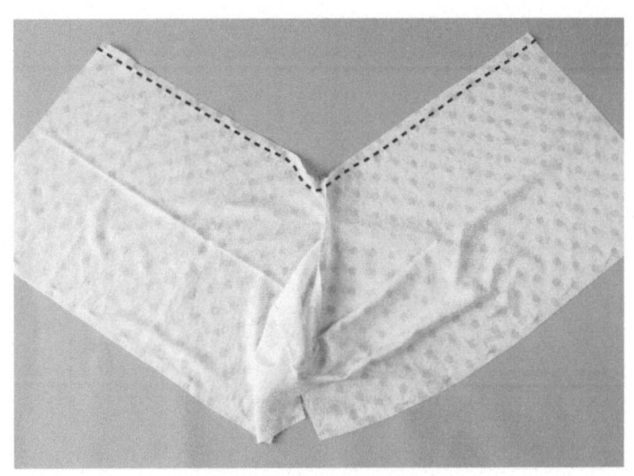

16 按图示位置缝合下裆弧线。在距离边缘 1.5cm 处缝合，并做拷边处理。

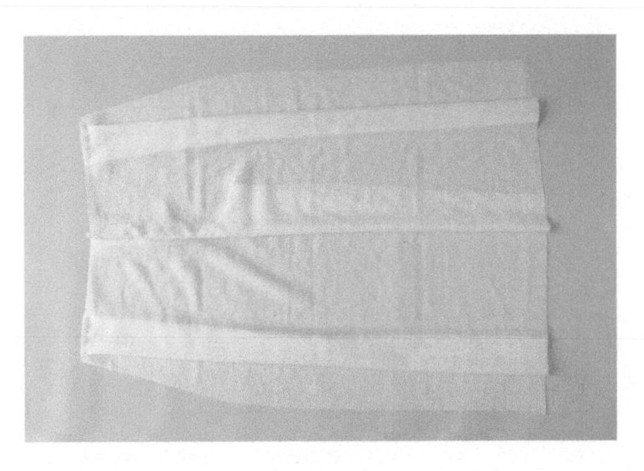

17 将一对外裤片分开，正面朝上。

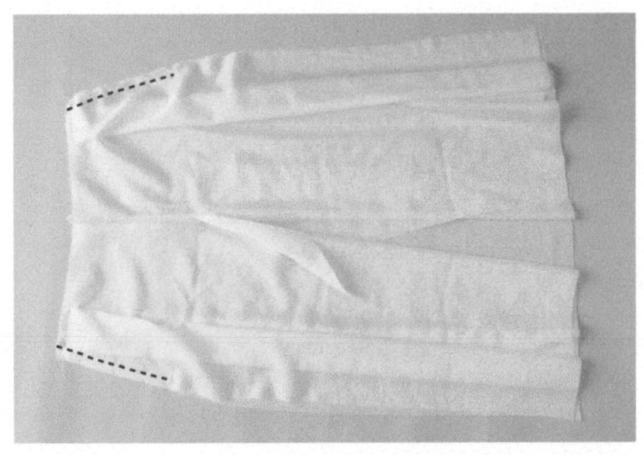

18 将另一对外裤片与第一对外裤片正面相对，在距离边缘 1.5cm 处缝合，只缝合腰线到剪口的位置。

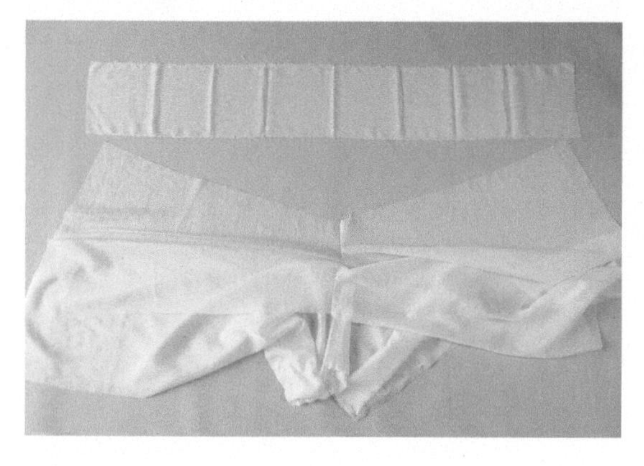

19 准备好外裤裆片。

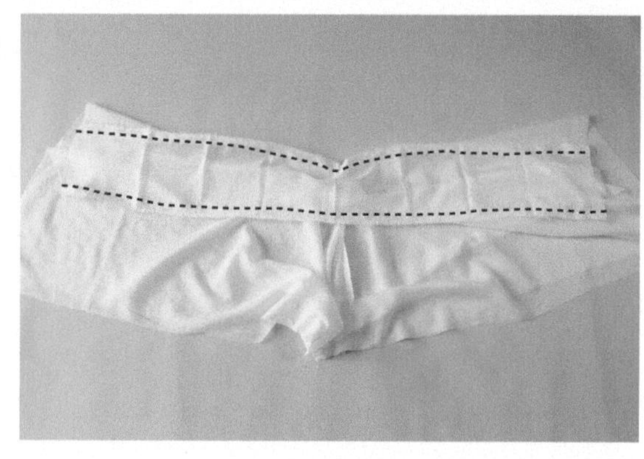

20 与两侧下裆弧线正面相对，在距离外裤裆片边缘1.5cm处分别缝合，并做拷边处理。

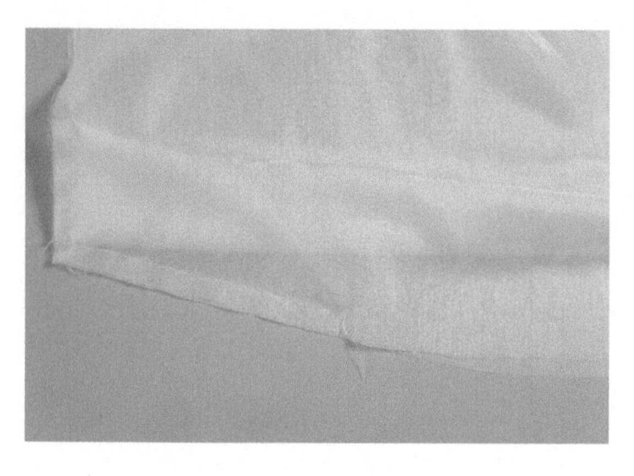

21 处理侧开衩。

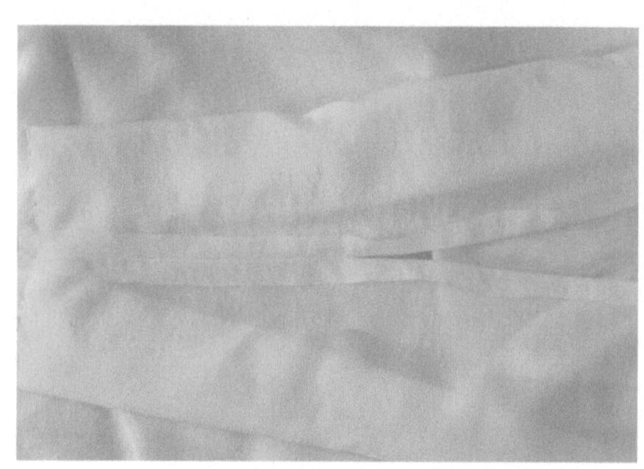

22 把缝份劈开烫好。

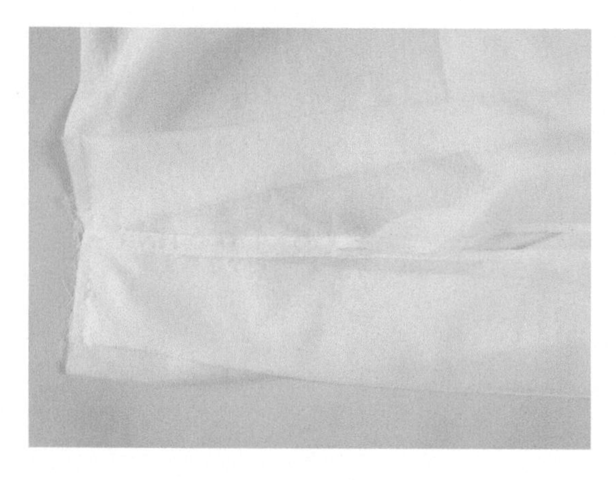

23 将整个侧缝内折，做卷边缝处理。

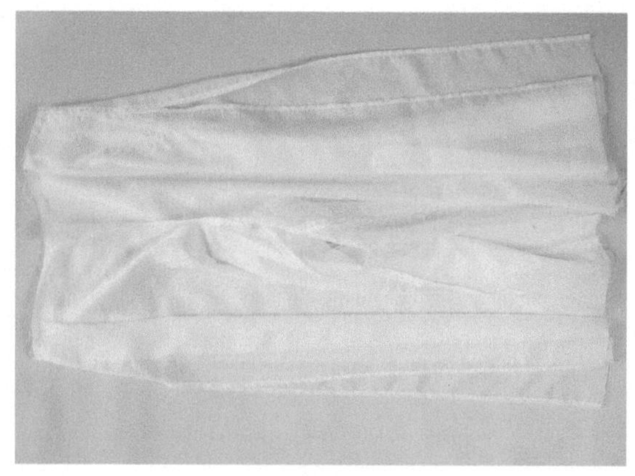

24 这是完成后侧开衩的样子。

25 将外裤脚口做卷边处理。

26 将里裤脚口做卷边处理。

27 将里裤片套入外裤片，使腰线重合，并在距边缘1cm左右的位置缝一圈临时固定线固定。

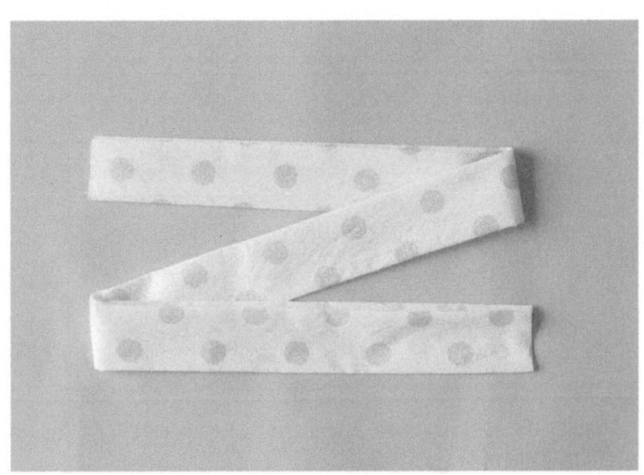

28 将裤腰片折烫好。具体方法可参考“1.3.4 布料预处理、排料和裁剪”中“处理缘边”。

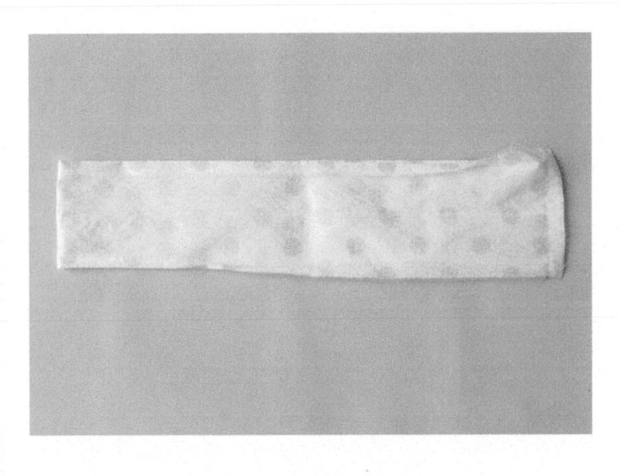

29 将裤腰片正面相对，在距离侧边1.5cm处缝合。

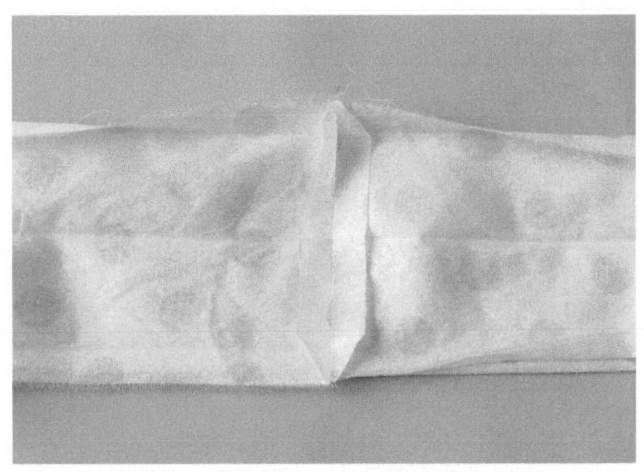

30 将缝份劈开烫好。

31 将裤腰片与裤片正面相对，腰片上缘用珠针固定，裤腰片侧边与裤片侧缝对齐，沿着折烫线缝合。

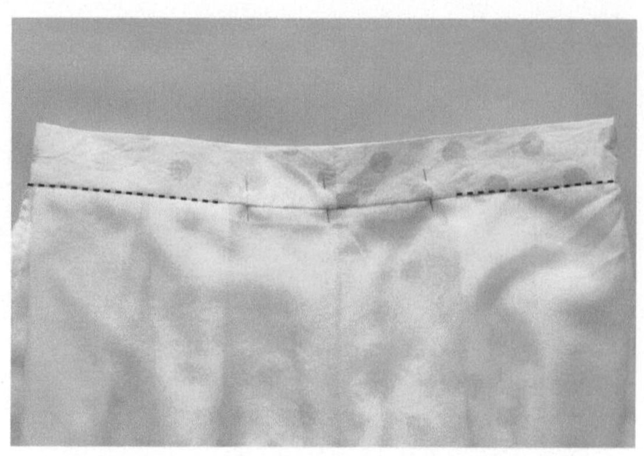

32 将裤腰片折过来，包住腰线，用珠针固定两边侧缝的位置。

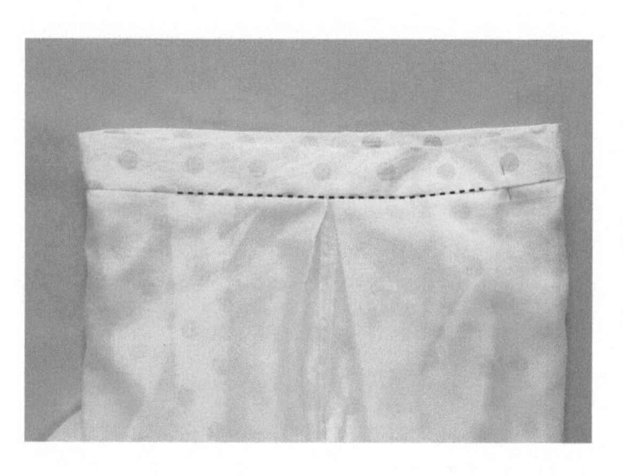

33 前后的中间部分先不要固定。

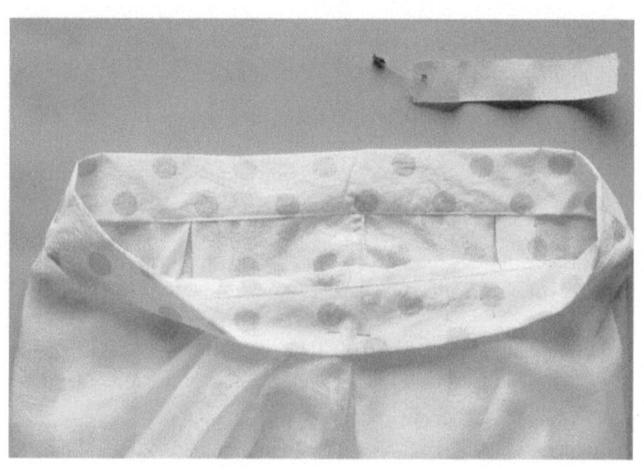

34 把裤腰片翻开，并准备好松紧带。

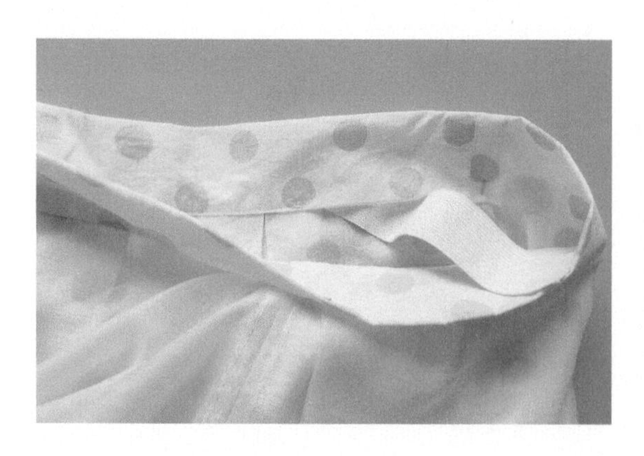

35 把松紧带从裤腰片侧边穿入。

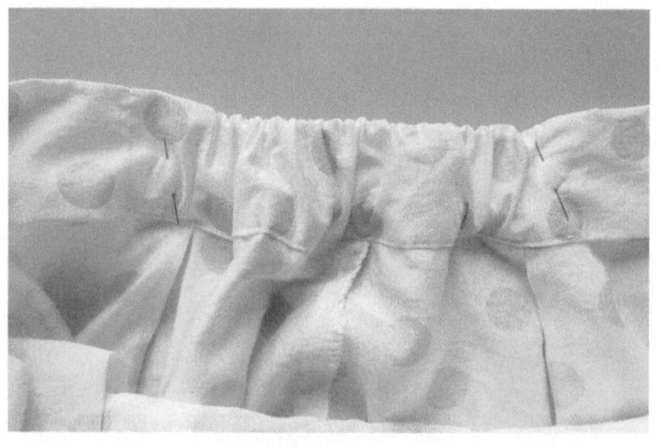

36 松紧带穿到标记的位置时，用珠针固定好。

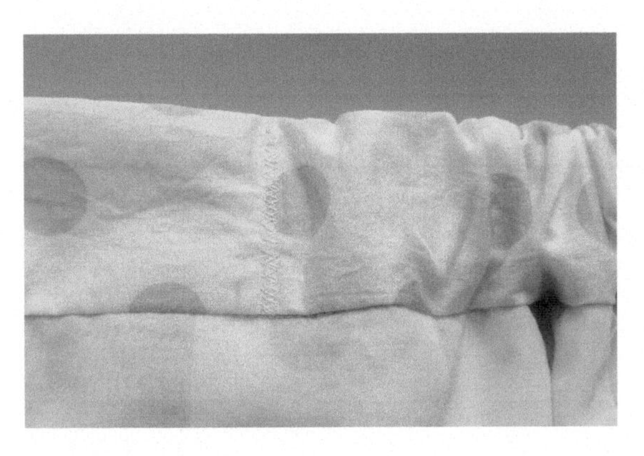

37 将松紧带两端用 Z 字线迹固定好。

38 把松紧带抻直，在中间缝一条固定线。

39 把前后中间部分缝合好。

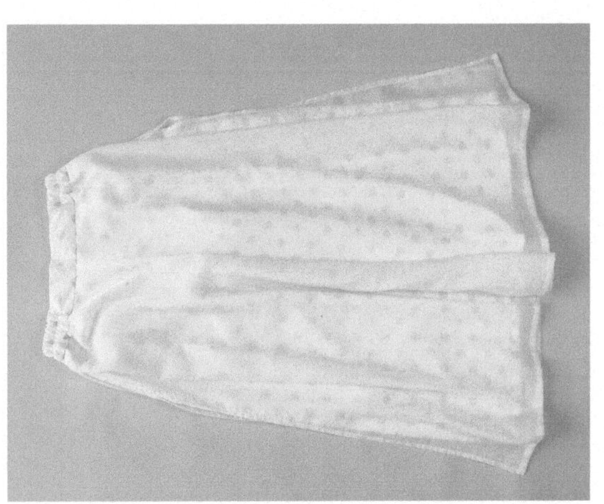

40 裤子的主体就制作完成了。

41 如果想加系带，也可以制作两条系带。

42 把系带固定在裤子两侧。

43 在距系带一端 0.5cm 左右的位置缝合。

44 将系带折过来，在距离边缘 0.5cm 左右的位置缝合。

45 改良宋裤就制作完成了。

第4章 上衣单衫的款式

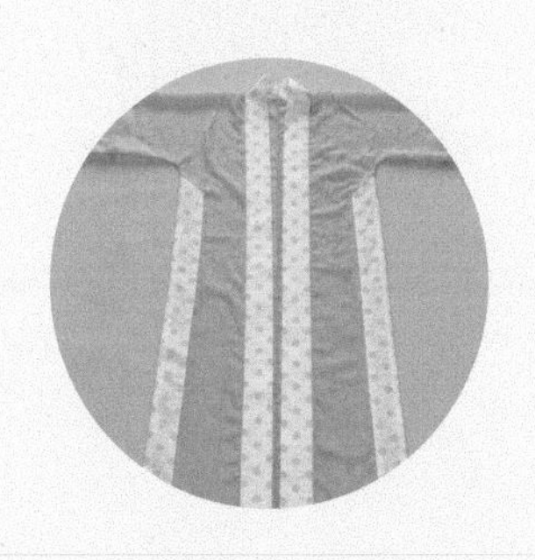

本章将介绍几种衫子的做法。“衫”是指在汉服体系中，由一层面料制成的衣服，是没有覆里布的。首先它比较适合在夏季穿，与其他衣服相比更加清凉透气，如果面料足够轻薄，也会透出下层衣物的颜色和轮廓，使衣服更加有层次、有质感。其次它制作起来比较简单，制作成本也较低，更加便捷实惠。

4.1 对襟衫

对襟衫是一款常见的汉服衫子，单层，可以作为短衫和短外套和其他服饰搭配。对襟衫通用的搭配服饰是抹胸和裙或裤，常见于唐制和宋制服饰。日常生活中，对襟衫可以作为通勤服装使用，而且制作起来也相对简单。

4.1.1 款式设计和制版

本次示例制作一款纯色的、单层的衫子，两侧有开衩，有一对系带，袖口比较窄。

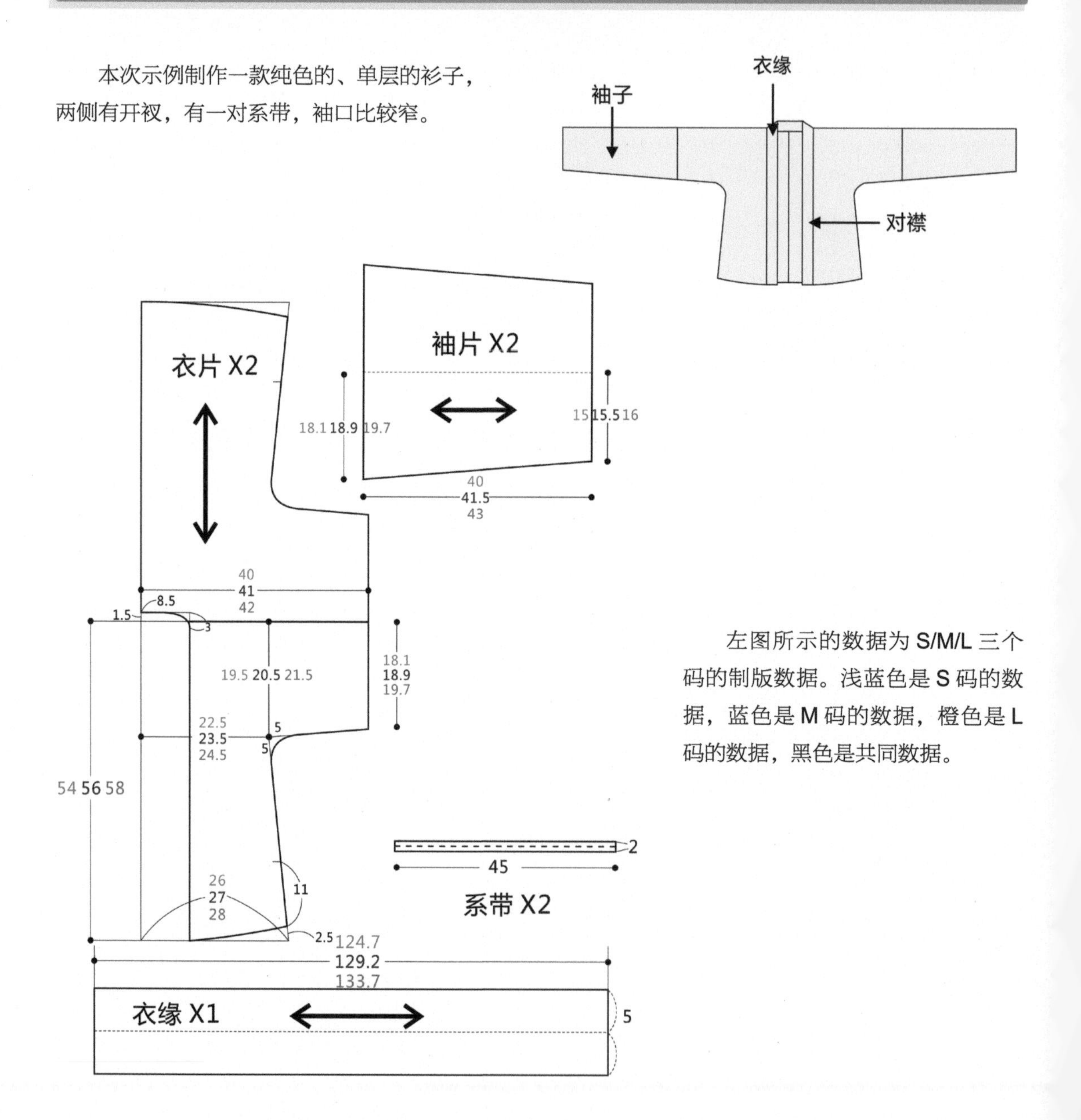

左图所示的数据为 S/M/L 三个码的制版数据。浅蓝色是 S 码的数据，蓝色是 M 码的数据，橙色是 L 码的数据，黑色是共同数据。

4.1.2 放缝、排料与裁剪

大家可以选用棉、麻、真丝等纯天然面料制作对襟衫，新手也可以选用纯棉布。右边为排料图。图中数字为缝份数据，未标注的边的缝份都是1.5cm。

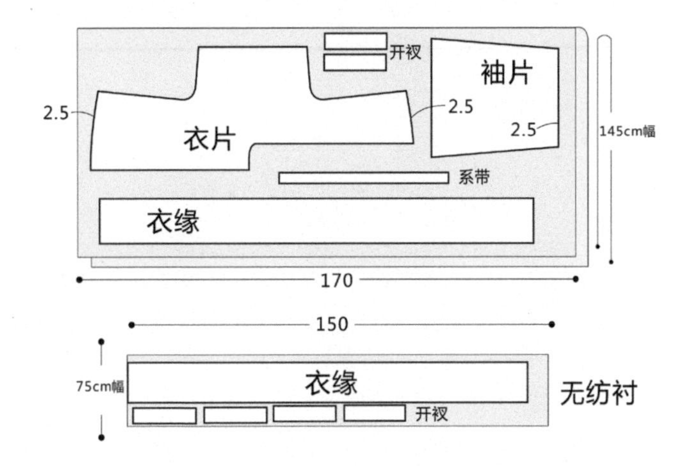

4.1.3 缝制方法

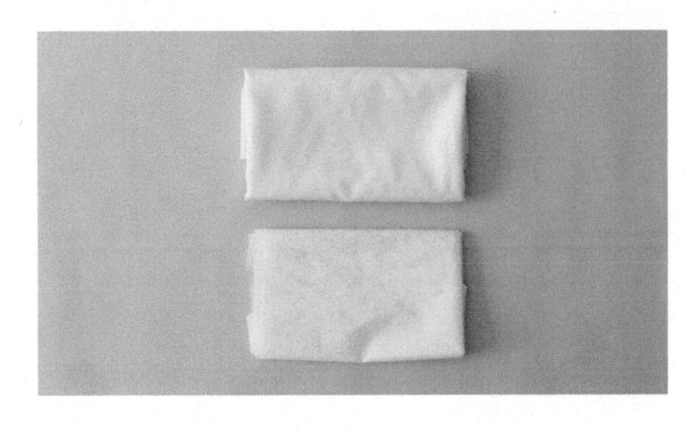

01 准备好布料和无纺衬。

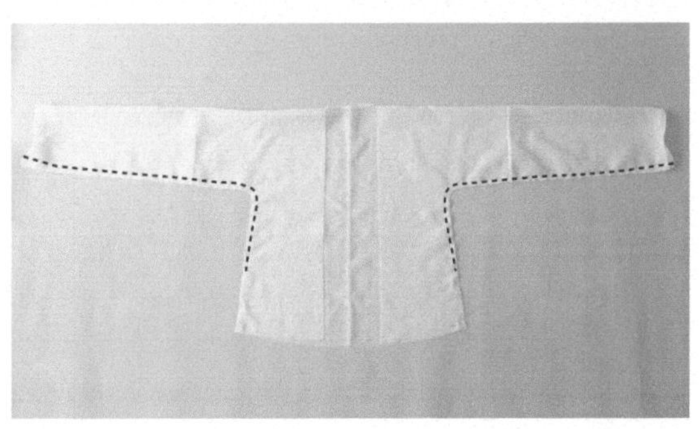

02 将衣片的后中缝和侧缝缝合好，然后正面朝上，缝合袖口至侧缝开衩剪口的位置。

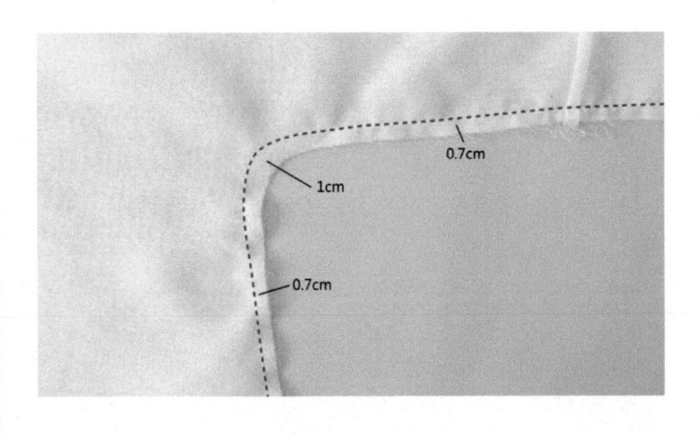

03 跟交领汗衫的缝合方法一样，除腋下外，其余部分的缝合线距边缘0.7cm，腋下最弯处的缝合线距边缘1cm左右。

04 将所有缝份修剪至0.2cm。

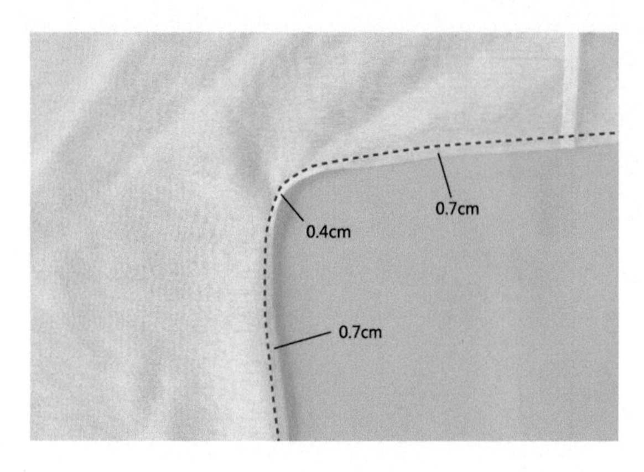

05 将衣片翻到反面，除腋下外，其余部分的缝合线距边缘 0.7cm，腋下最弯处的缝合线距边缘 0.4cm 左右。

06 这是缝合好的样子。

07 将袖口做卷边缝处理。

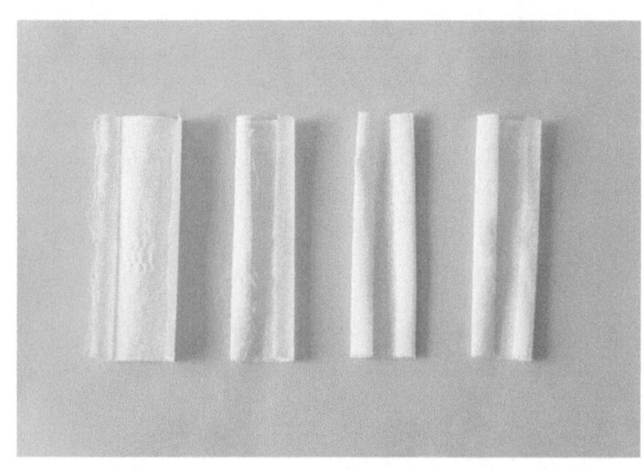

08 准备好四片开衩布片，分别在反面烫粘等大的无纺衬，然后将两侧边向反面折 1.5cm。

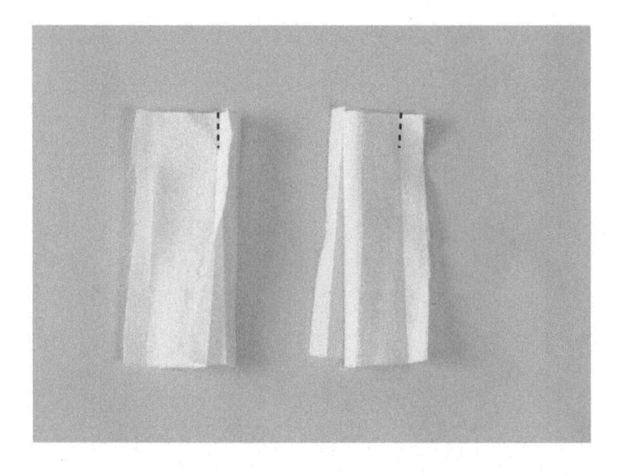

09 分别将两片开衩布片正面相对，在一侧边从顶端开始向下缝 2cm。

10 将衣片正面朝上，找到开衩的位置，掀开任意一侧布片。

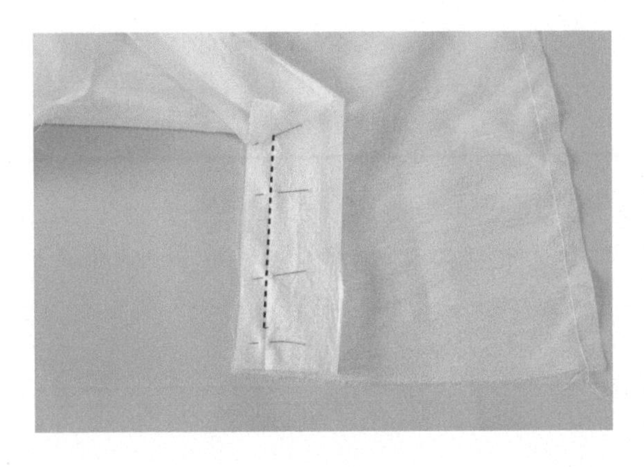

11 将开衩布片的止点与衣片的开衩止点的缝合线端点对齐，用珠针将开衩布片与衣片正面相对固定，沿着开衩位置在距离边缘 1.5cm 处开始向下缝合，缝至距离底边 2.5cm 处。

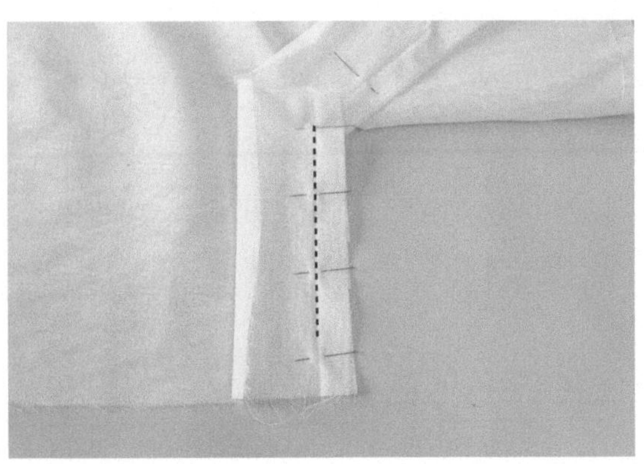

12 另一边也同样处理。

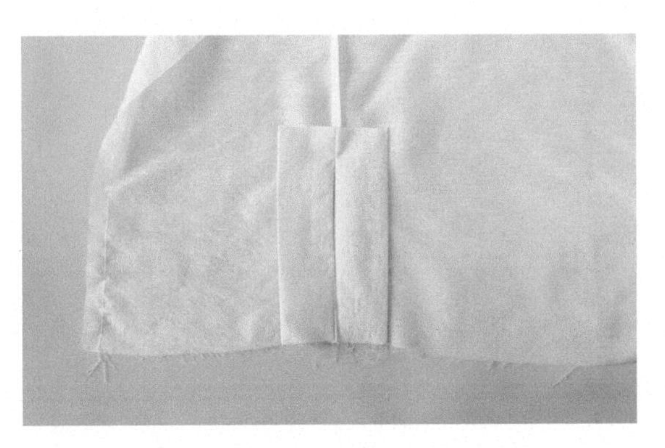

13 缝好后，将开衩布片折烫到衣片反面。

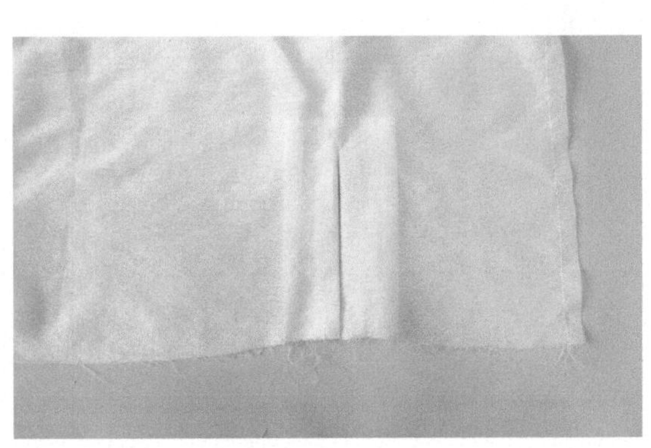

14 这是衣片正面的样子。

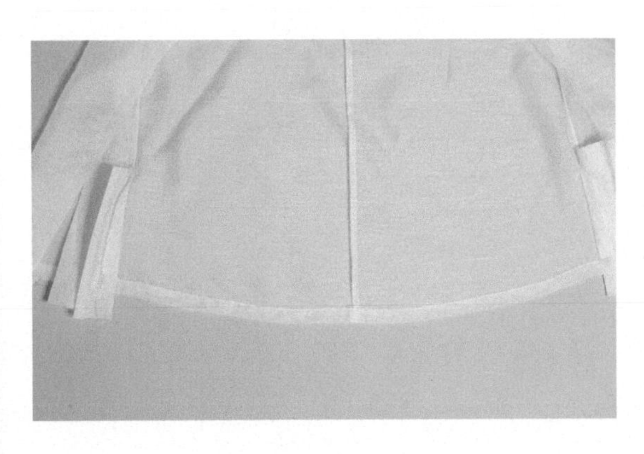

15 将衣片底边做卷边缝处理。

16 所有底边都是如此。

17 把开衩布片所有的边内折，沿着距边缘 0.1cm 左右的位置缝合溜边线。这是开衩布片正面的样子。

18 这是开衩布片反面的样子。

19 开衩就制作好了。

20 将衣缘折烫处理好。具体方法可参考“1.3.4 布料预处理、排料和裁剪”中“处理缘边”。

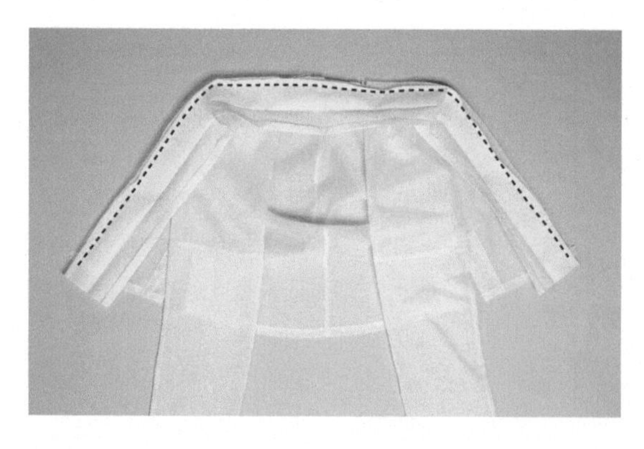

21 将衣缘与衣片正面相对，按图示缝合折烫线。

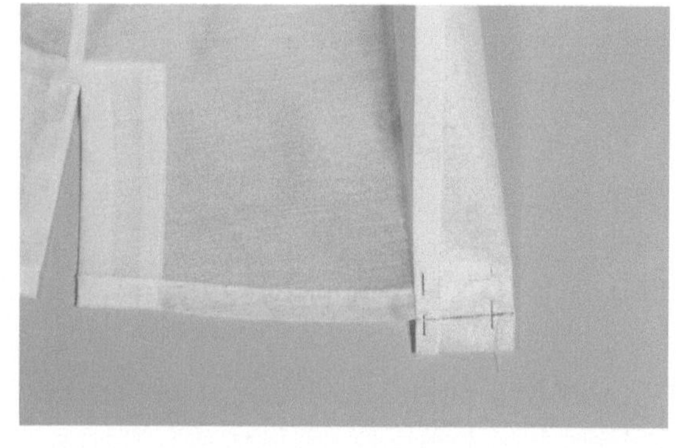

22 将衣缘两端沿着中线反向折叠，用珠针暂时固定，按图中标注的线缝合。

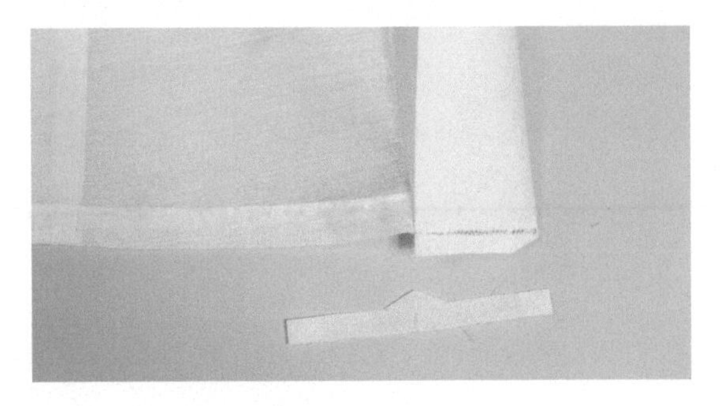

23 缝好后修剪缝份。

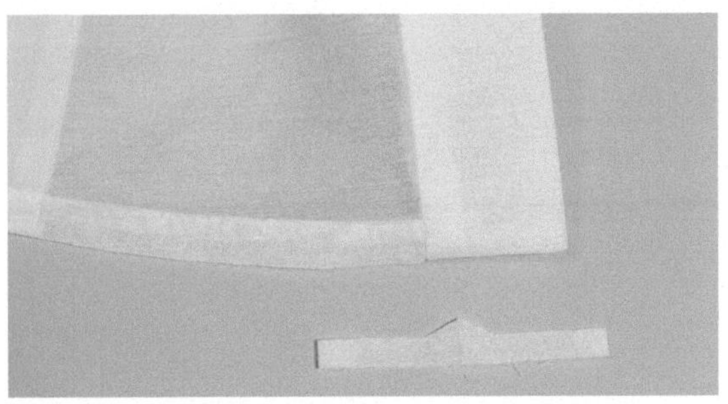

24 把衣缘折到正面，包住缝份。

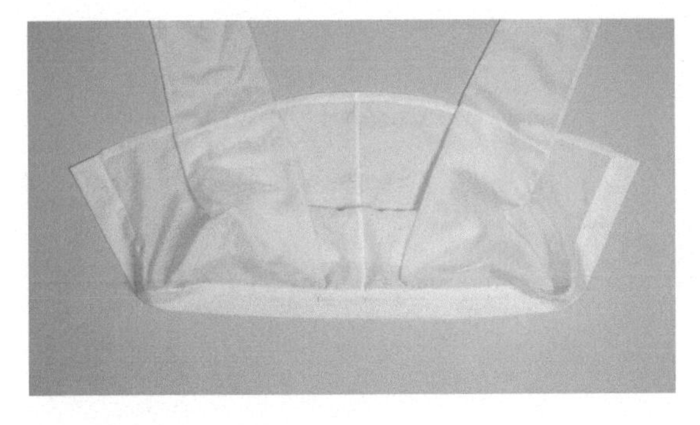

25 用珠针将衣缘和衣片固定。

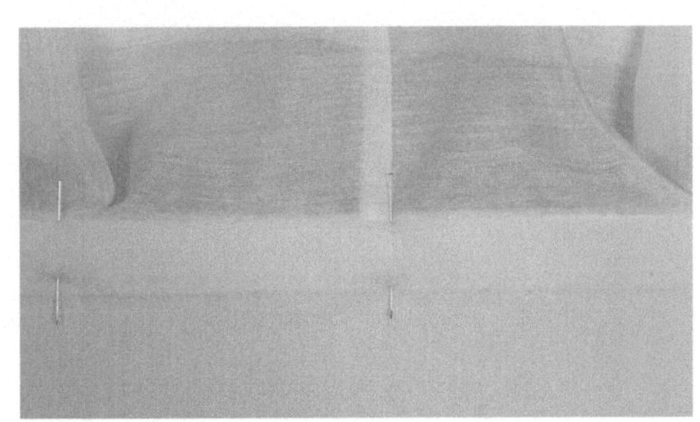

26 这是正面的样子。

27 这是反面的样子。

28 用缝纫机车缝衣缘和衣片的连接处。

29 这是缝好后正面的样子。

30 这是缝好后反面的样子。

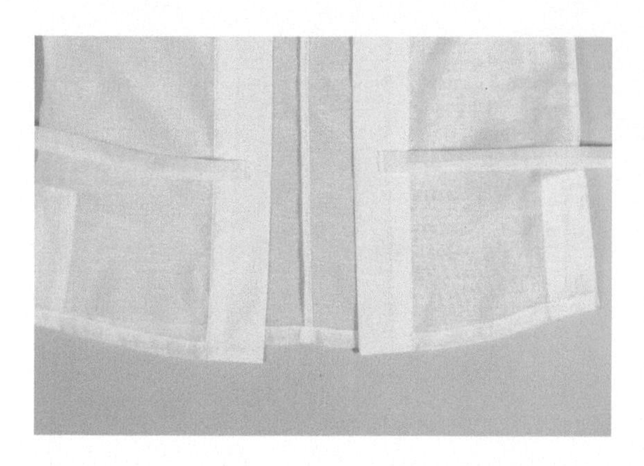

31 在衣片上固定两条系带，分别在距系带一端 0.5cm 处缝合。

32 将系带折过来，在距离边缘 0.5cm 处缝合。

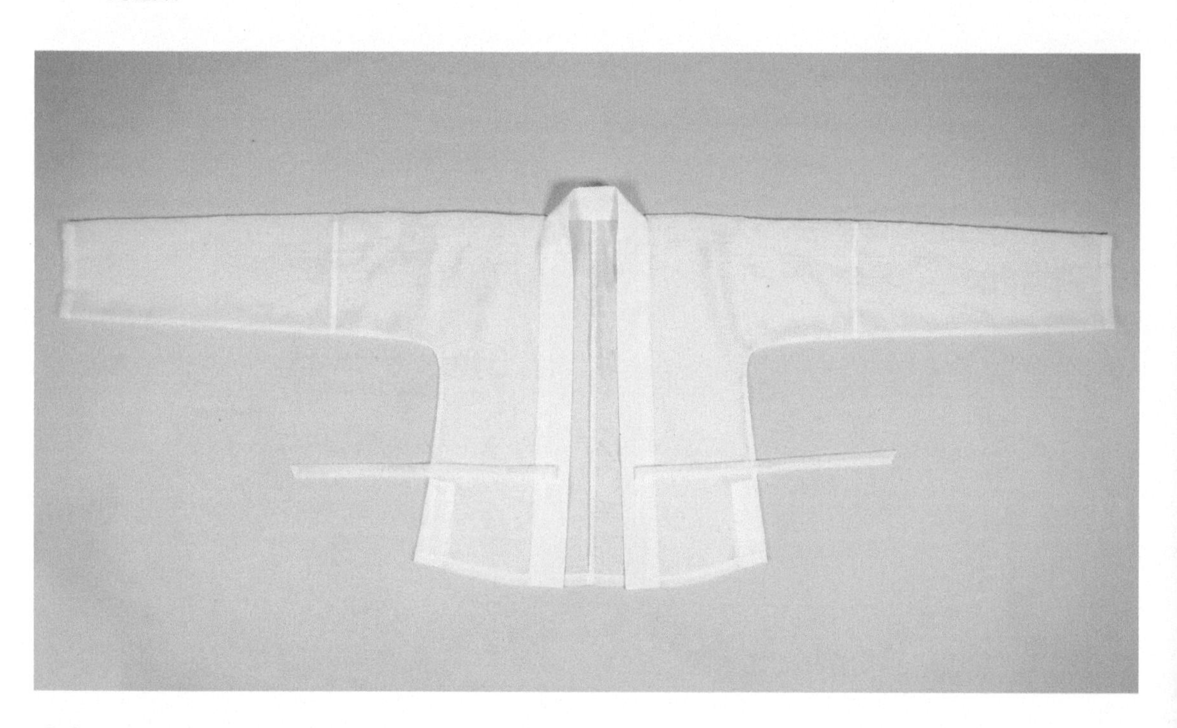

33 对襟衫就制作完成了。

4.2 褙子

褙子，是一种宋制服装，常搭配宋制抹胸、裙子和裤子等。褙子通常比较长，长至膝盖以下或脚踝附近，常作为礼服。

4.2.1 款式设计和制版

本次制作的褙子的领子是对襟领，两侧有开衩，领子、开衩、袖口处都镶了缘边。

布料为雪纺，缘边用的布料是制作改良宋裤的下脚料，能起到呼应的作用。

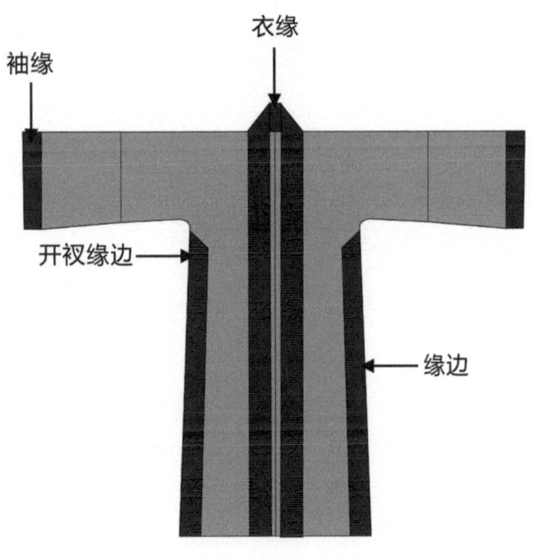

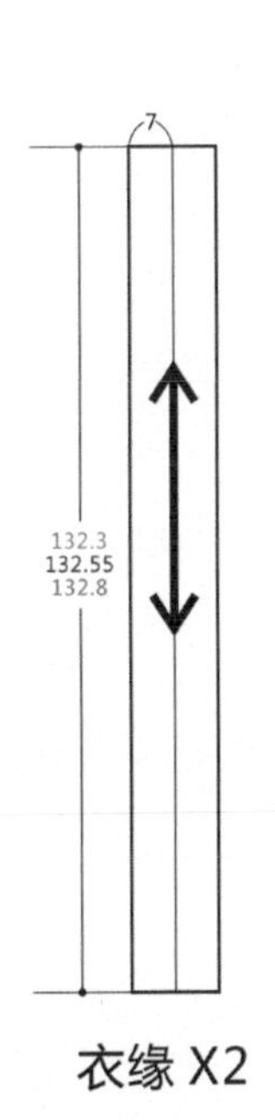

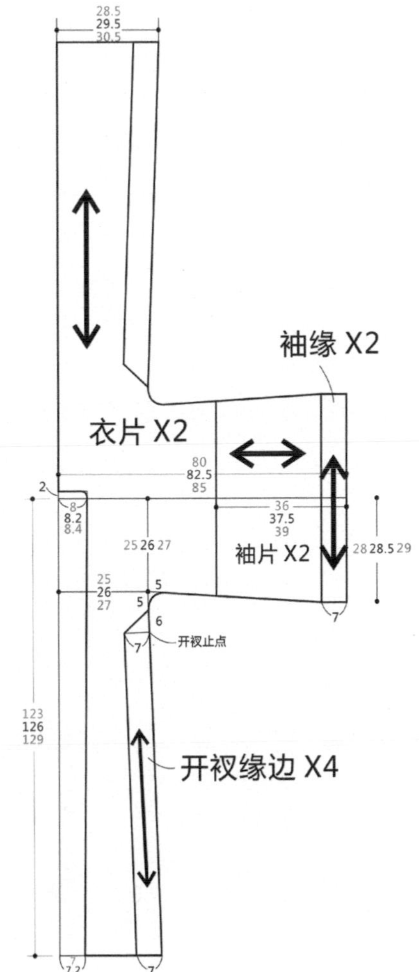

左图所示的数据为 S/M/L 三个码的制版数据。浅蓝色是 S 码的数据，蓝色是 M 码的数据，橙色是 L 码的数据，黑色是共同数据。

4.2.2 放缝、排料与裁剪

右边为排料图。图中数字为缝份数据，未标注的边的缝份都是 1.5cm。

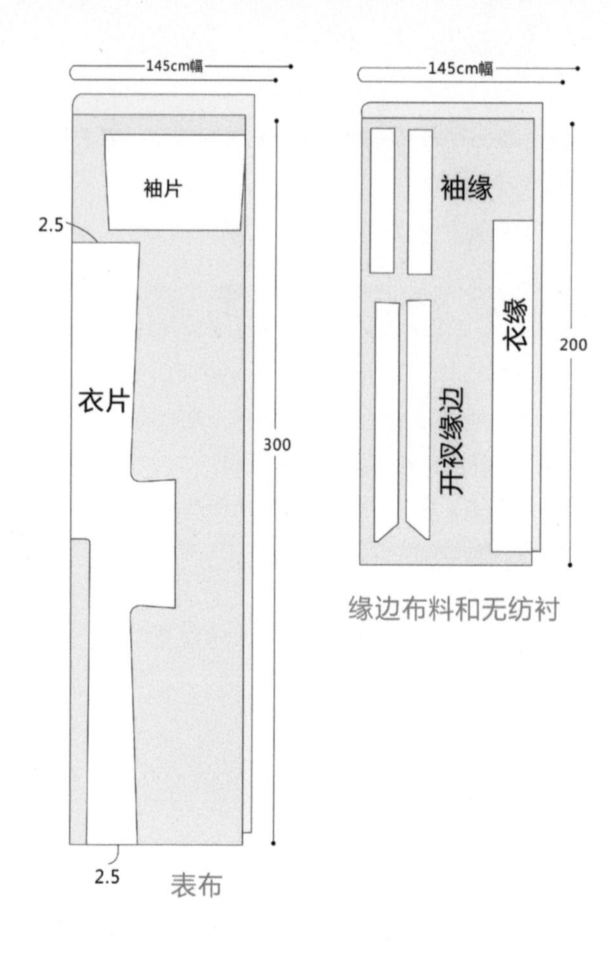

4.2.3 缝制方法

01 褶子的前期制作，除了袖缘，其他制作方法都与对襟衫相同，此处不赘述。

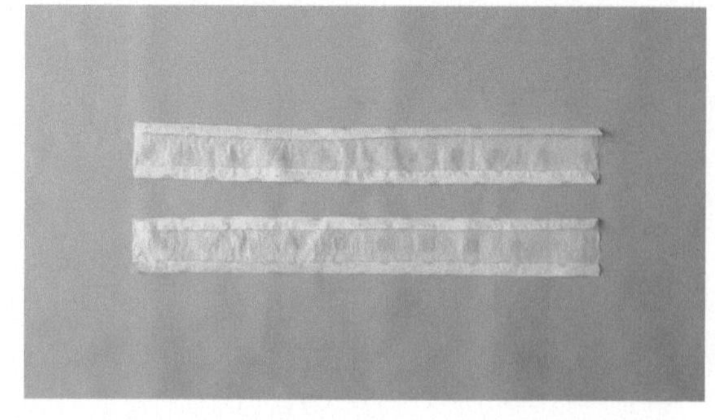

02 袖缘的制作非常简单。先准备两块粘好无纺衬的袖缘。

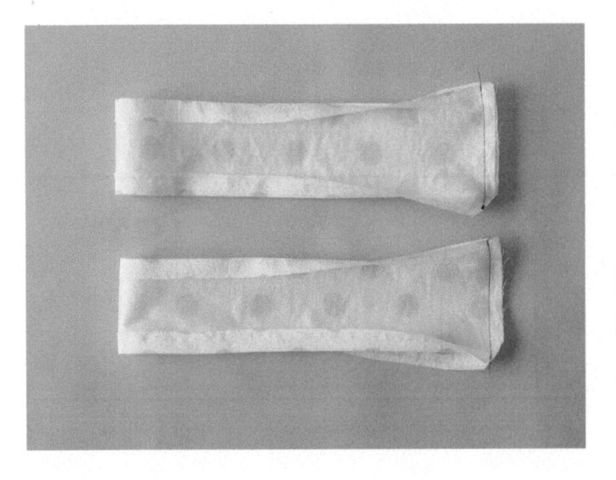

03 分别正面相对，在距离侧边 1.5cm 处缝合，修剪缝份，劈开烫好。

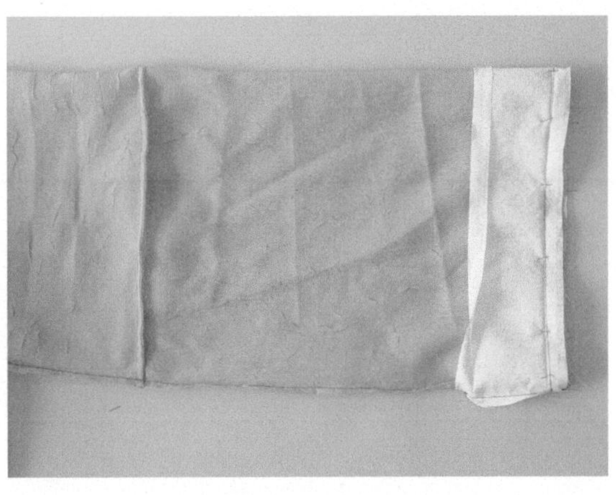

04 将袖缘正面与袖子反面相对，袖缘侧边与衣身侧缝对齐。用珠针固定并在距离边缘 1.5cm 处缝合。

05 按照图示缝合一周。

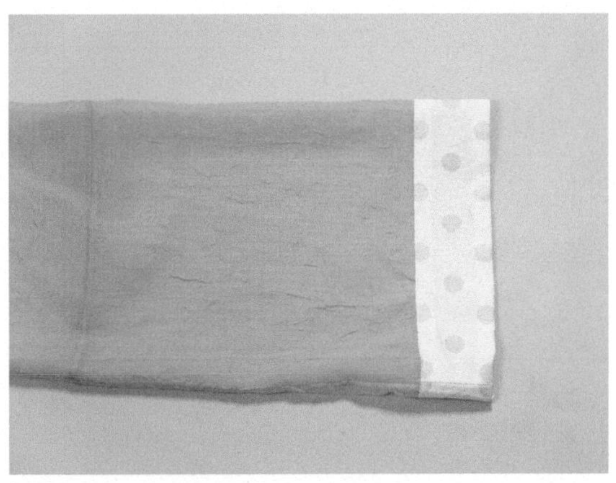

06 把袖缘折到正面，压住边缘，在距离边缘 0.1cm 处缝合溜边线。

07 准备好开衩缘边。

08 将开衩缘边两两一组、正面相对自尖角处向里缝合 5cm。

09 将开衩缘边固定到衣片开衩的位置，压住边缘，在距边缘 0.1cm 的位置缝合溜边线。

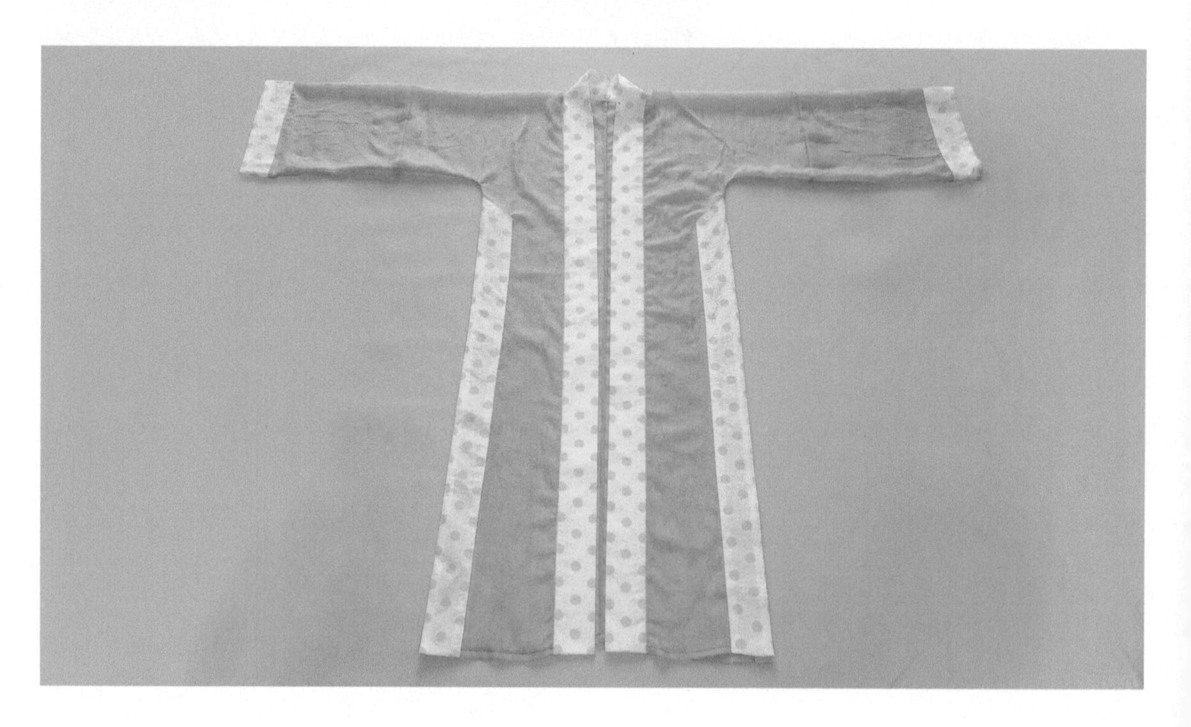

10 褙子就制作完成了。

4.3 大袖衫

大袖衫，是一种单层的长款外衫，与对襟衫类似，是对襟的形制，也有开衩。不同的是，大袖衫衣身非常长，长至膝盖或脚踝，而且袖子是大袖，更加飘逸，常用来搭配齐胸襦裙。

4.3.1 款式设计和制版

本次示范制作的大袖衫的领子是对襟领，袖子是大袖，两侧有开衩。这次用的布料是提花欧根纱，相较于雪纺，更加硬挺，制作起来也比用雪纺制作要容易得多。

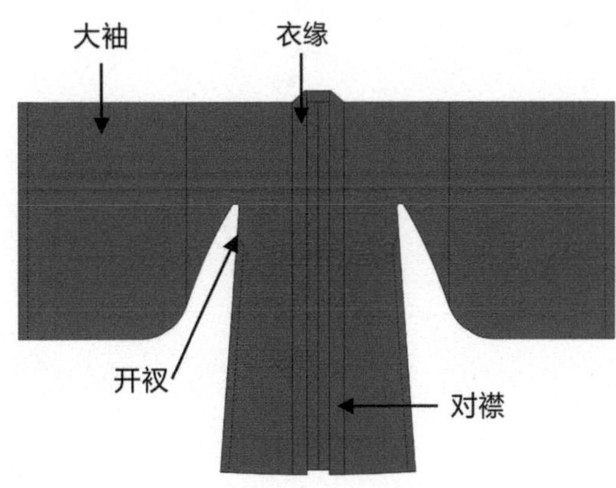

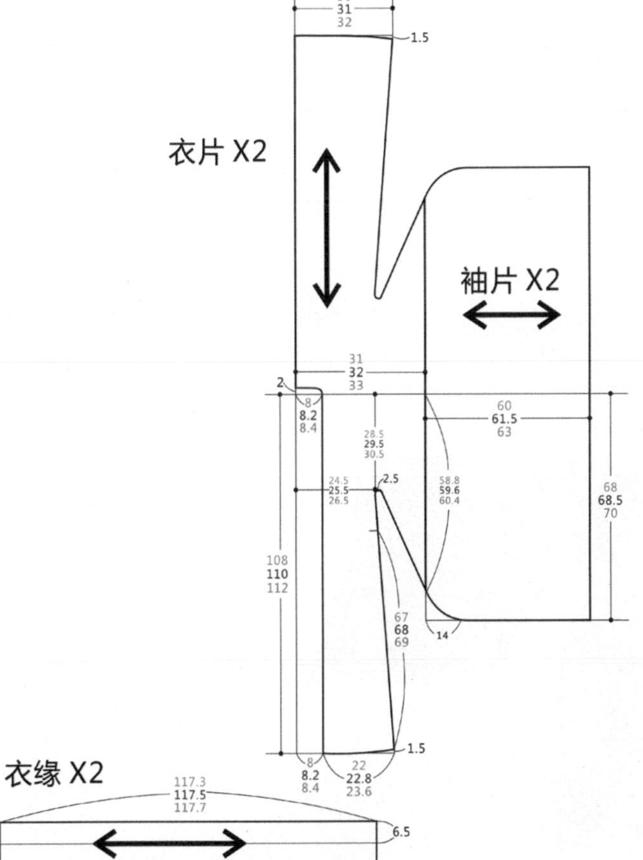

左图所示的数据为 S/M/L 三个码的制版数据。浅蓝色是 S 码的数据，蓝色是 M 码的数据，橙色是 L 码的数据，黑色是共同数据。

4.3.2 放缝、排料与裁剪

右边为排料图。图中数字为缝份数据，未标注的边的缝份都是 1.5cm。

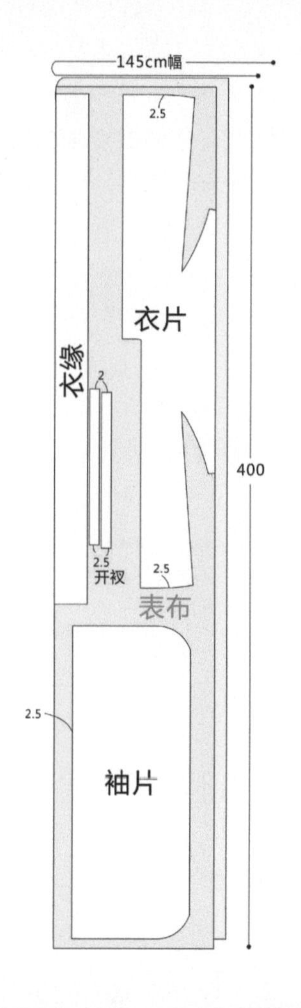

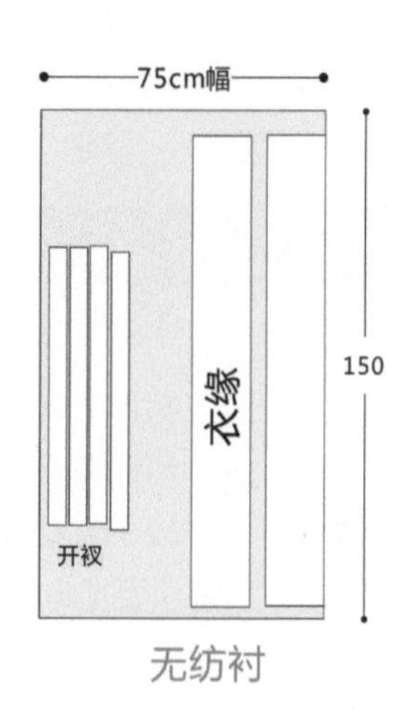

4.3.3 缝制方法

大袖衫的缝合方法与对襟衫相同，此处不赘述。

4.4 坦领

坦领是一款唐式风格的上衣套装，由一件圆领窄袖没有开襟的衫子和一件圆领对襟半袖组成，有点类似于 T 恤衫。坦领常常搭配齐腰裙。

4.4.1 款式设计和制版

本次示范制作的坦领，里衣是一件圆领窄袖没有开襟的衫子，领口做了包边处理，由于没有开襟，所以制作起来非常简单；外衣是一件圆领对襟半袖，有开襟，开襟和领口都做了包边处理，袖口和底边都做了缘边处理，门襟上有三对玻璃扣。

这次的圆领衫是用雪纺制作的，比较透。对襟半袖用了真丝缎，而且做了撞色设计。

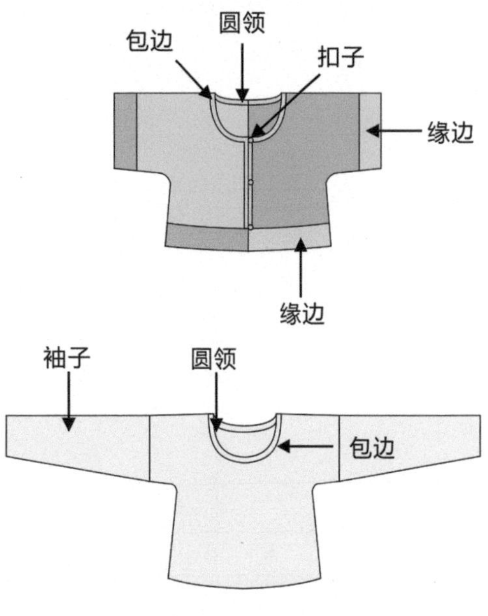

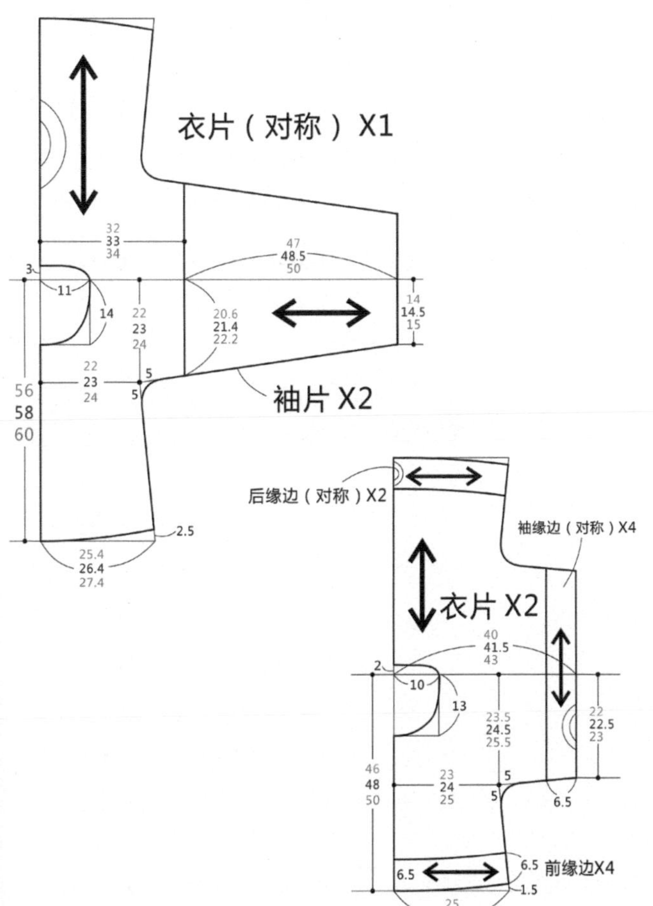

左图所示的数据为 S/M/L 三个码的制版数据。浅蓝色是 S 码的数据，蓝色是 M 码的数据，橙色是 L 码的数据，黑色是共同数据。

4.4.2 放缝、排料与裁剪

下面为排料图。图中数字为缝份数据，未标注的边的缝份都是 1.5cm。

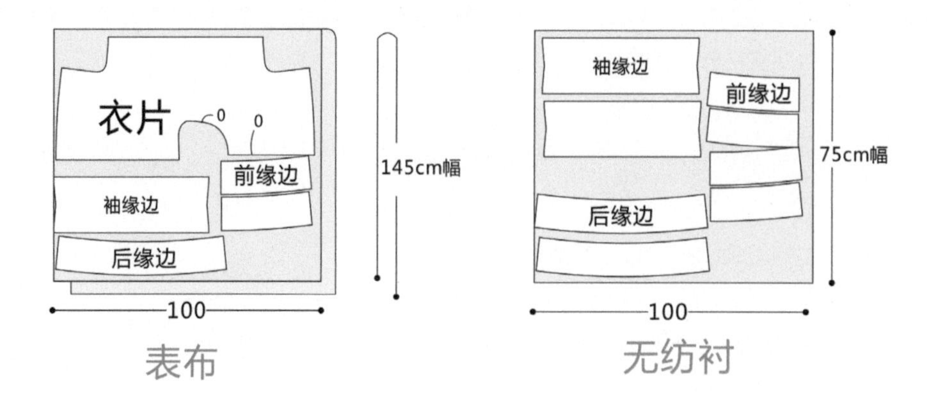

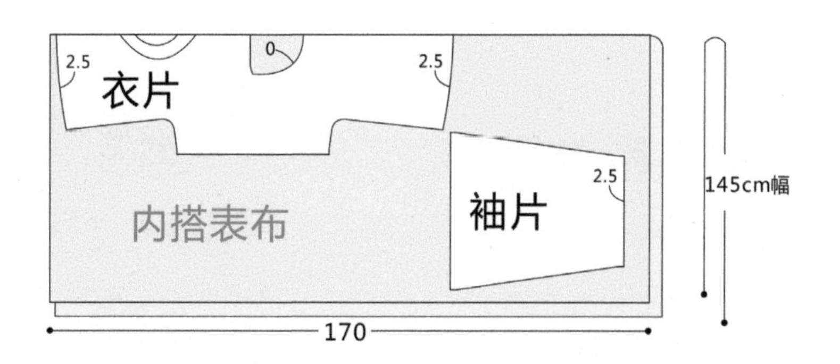

4.4.3 缝制方法

01 拼接衣身和袖子。

02 用制作交领汗衫的方法，把侧缝、底摆、袖口制作好。

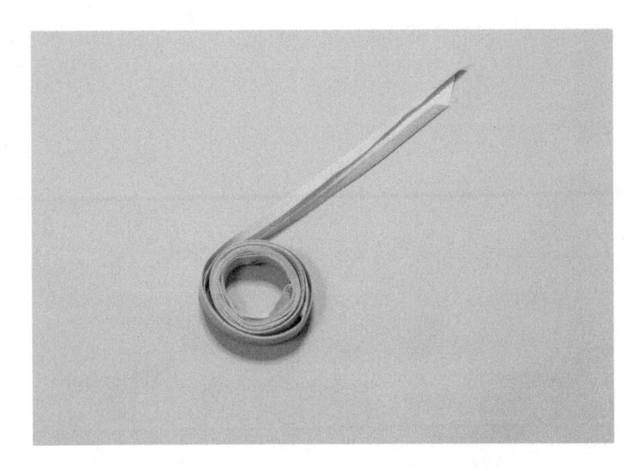

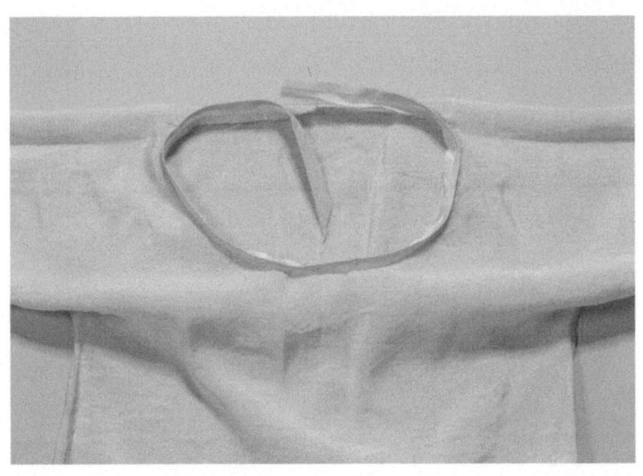

03 准备好一卷包边条，可以按照自己的喜好裁剪适宜的宽度，可以用与制作坦领相同布料裁剪制作，也可以用其他布料。此处裁剪的是 3.5cm 左右宽的包边条，做出的成品包边大约宽 0.8cm。

04 将包边条正面与衣身领子的反面相对，沿着折痕车缝。包边条首尾两端在后领中心位置，可以先空 10cm 左右不缝。

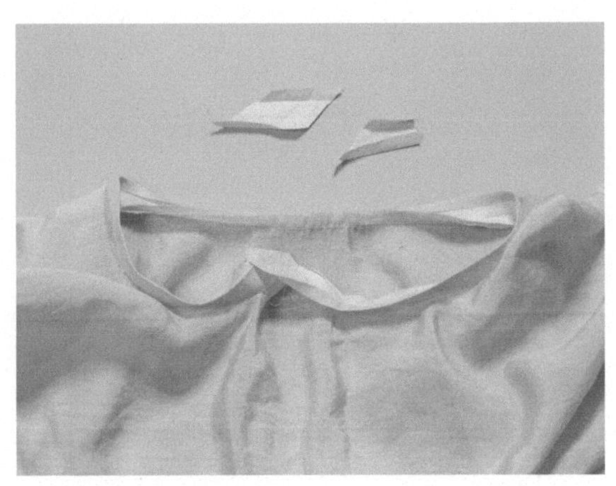

05 在后领中心位置，按照图示将包边条正面相对，形成一个直角，缝合一条对角线。

06 修剪缝份至 0.5cm。

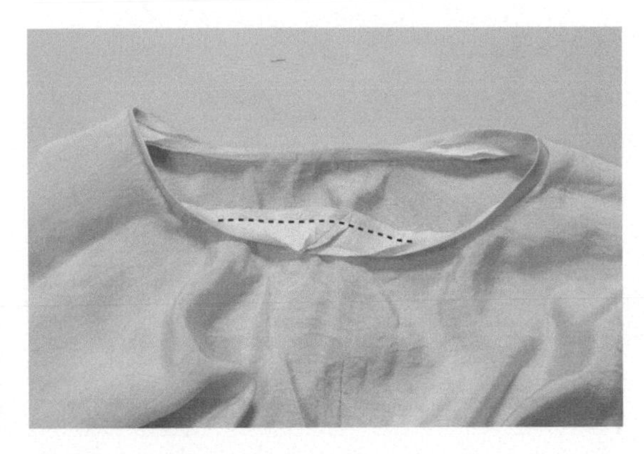

07 把未缝的部分缝合。

08 将包边条折至正面，在距离边缘 0.2cm 左右的位置缝合溜边线。里衣就制作完成了。

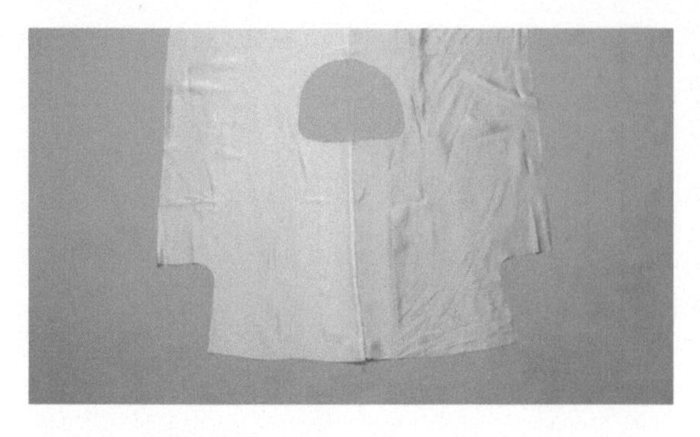

09 把圆领对襟半袖的两片衣片沿前后中心线用来去缝的方法缝合。

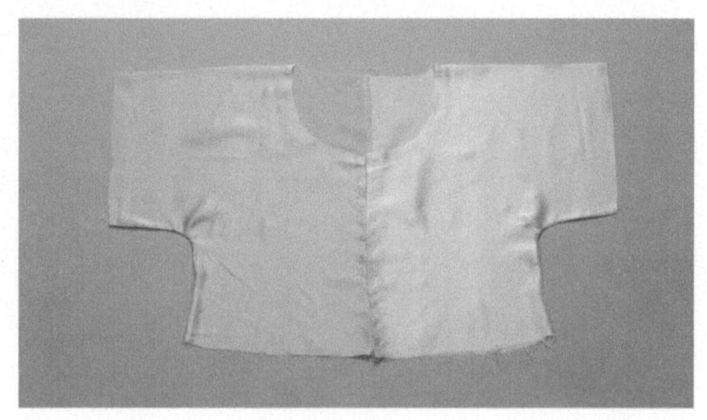

10 用来去缝的方法缝合侧缝。

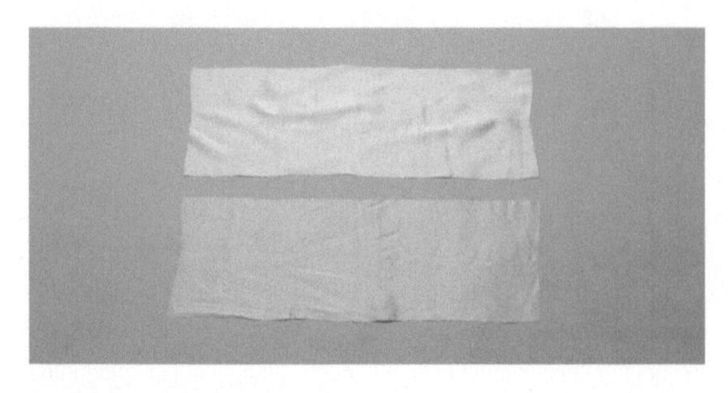

11 准备好袖缘。

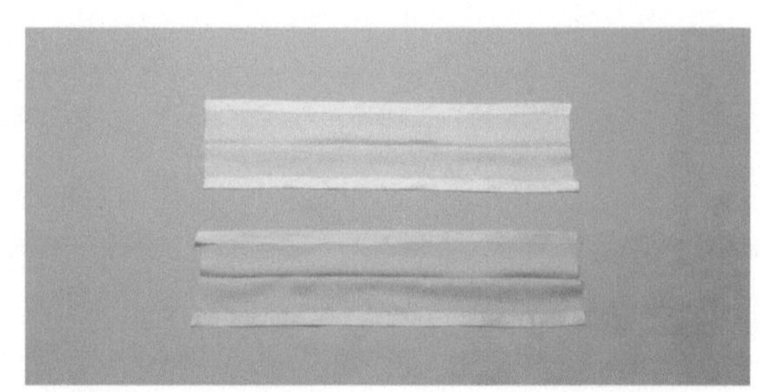

12 分别将两片袖缘的两长边按图示折叠 1.5cm。

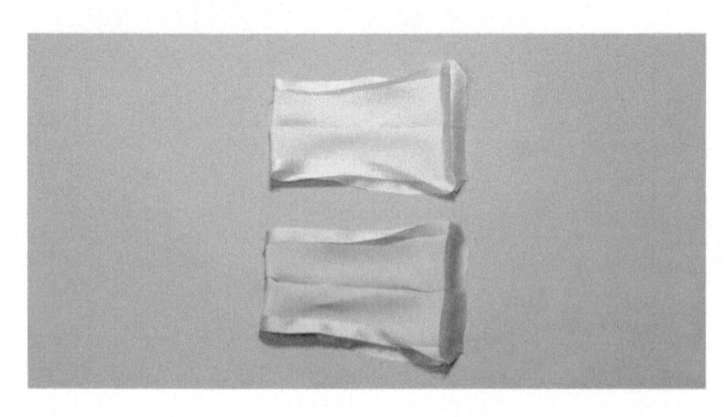

13 沿着中心线正面相对，在距边缘 1.5cm 处缝合。

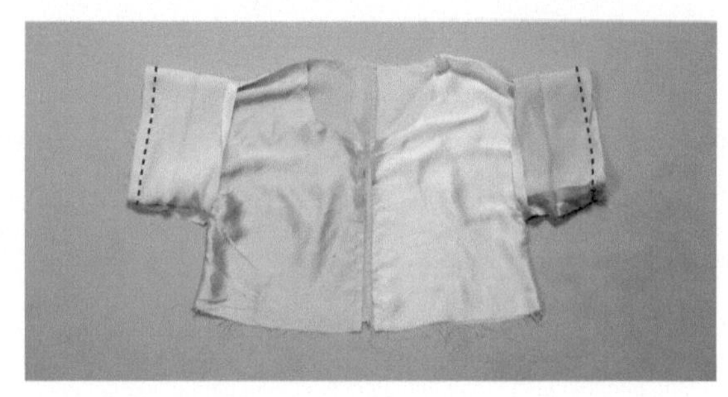

14 将袖缘与衣身正面相对，且让中心折烫线与袖口对齐缝合。

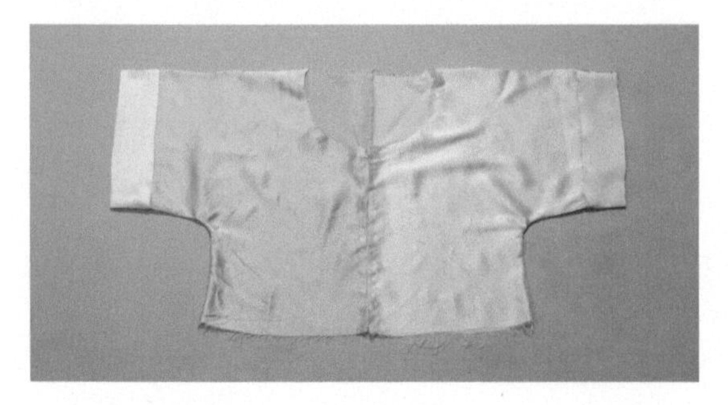

15 按照制作衣缘的方法制作袖缘，压一条溜边线。

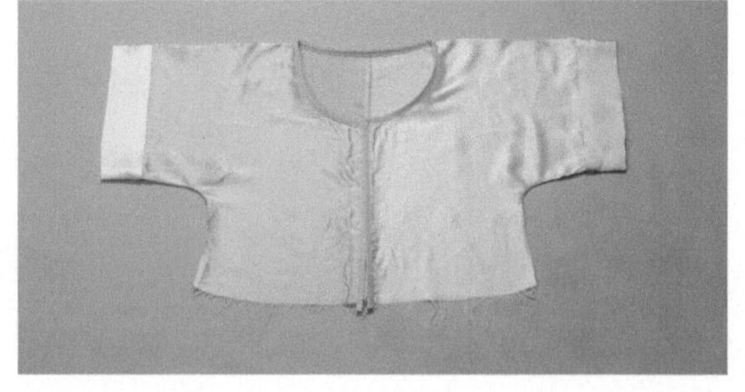

16 对开襟和领口做包边处理。

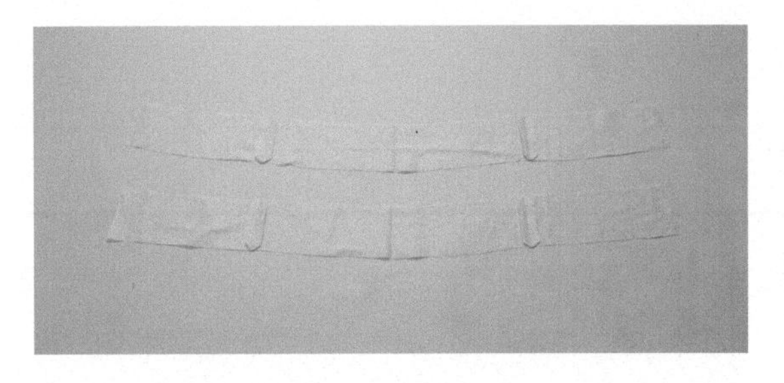

17 准备好底部缘边，将侧缝依次缝合好，正面相对缝合，缝份为 1.5cm，把缝份劈开烫好。

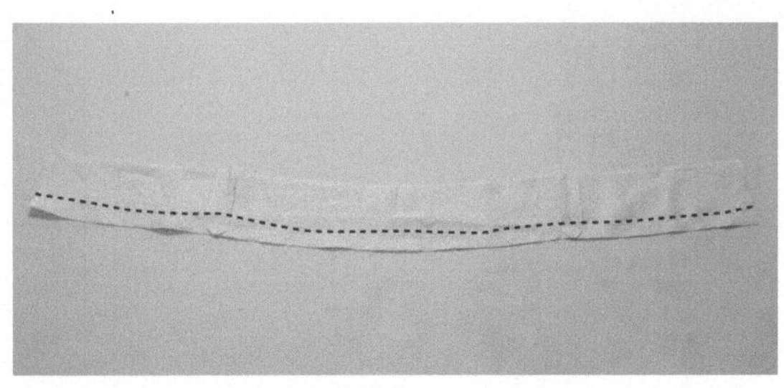

18 将两底部缘边正面相对，缝合底摆线，也就是长的一边。

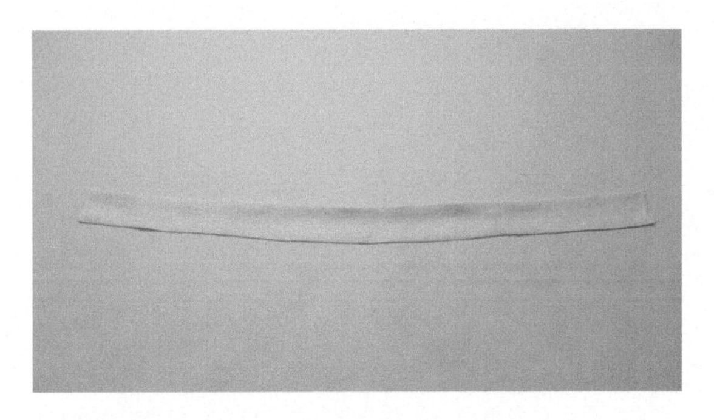

19 将缝合好的底部缘边翻至正面，熨烫平整。把未车缝的上边缘往反面扣烫 1.5cm。

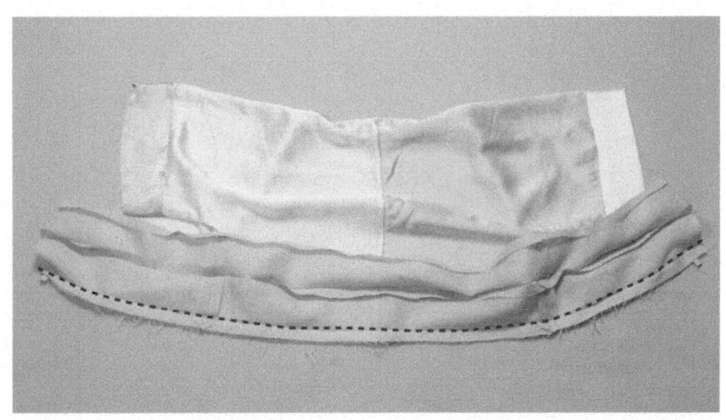

20 将底部缘边与衣身正面相对，按图示缝合底边线。注意底部缘边的两端均要比衣身两端长 1.5cm。

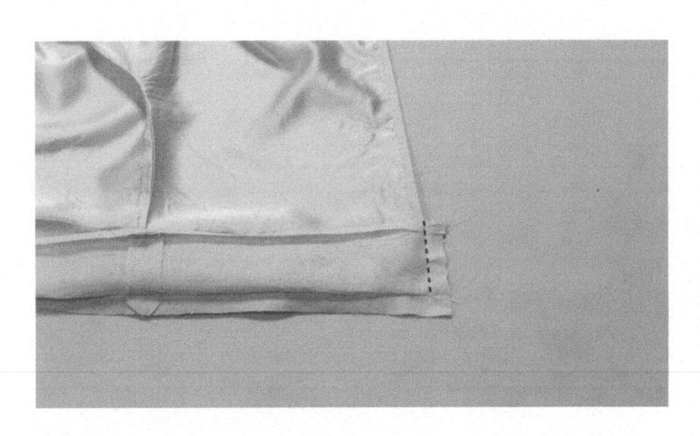

21 将底部缘边沿着中心折烫线往上折叠，边缘对齐，在距边缘 1.5cm 处缝合。

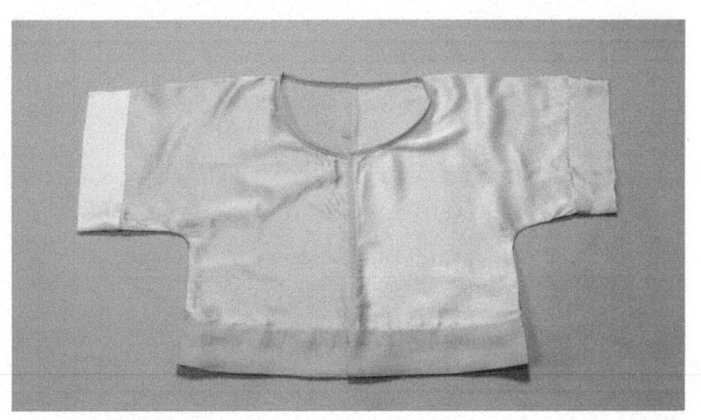

22 修剪缝份，将底部缘边翻折至正面，在正面压一条溜边线。

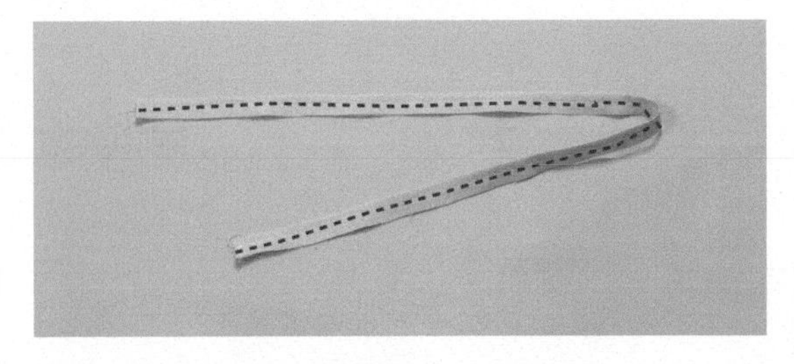

23 准备一根宽 2.5cm 左右，长 30cm 左右的布条，对折。按图示，在距边缘 0.5cm 的位置车缝。

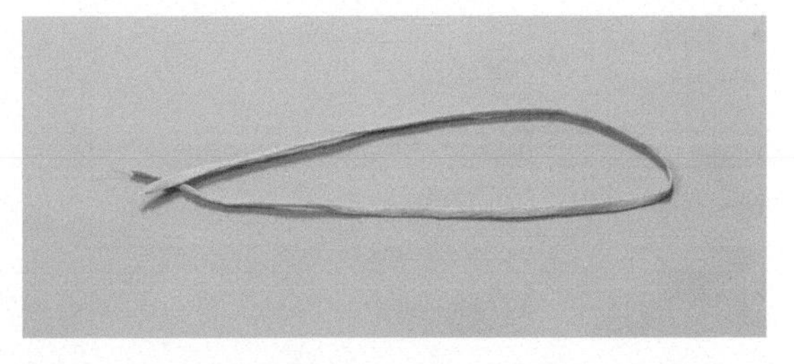

24 用翻绳器将布条翻至正面。

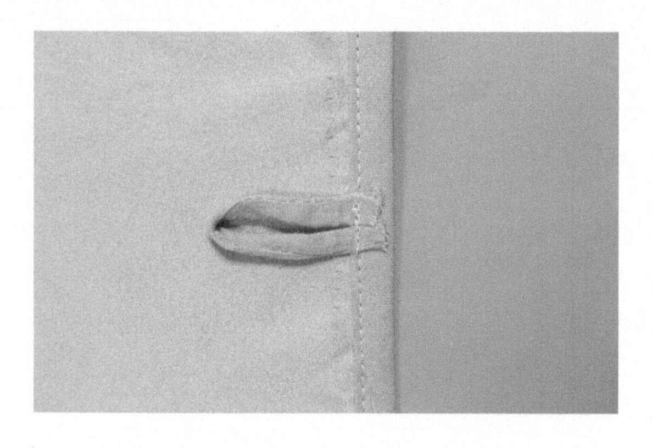

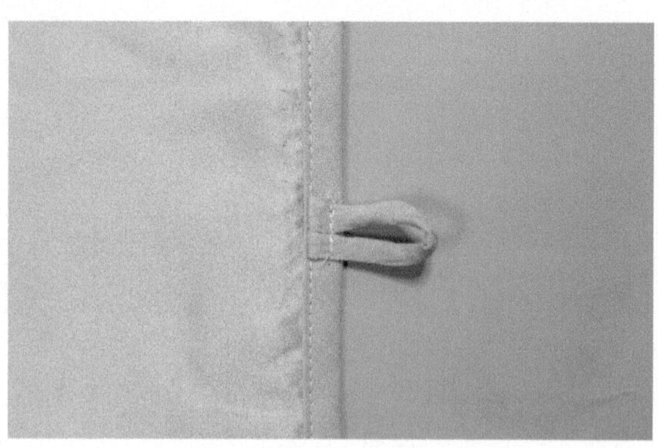

25 将扣条裁剪至3~4cm，先按照图示的方法将其车缝固定在缝扣子的位置，并多缝几条线，这样更加结实。

26 翻折扣条，继续压缝几次。

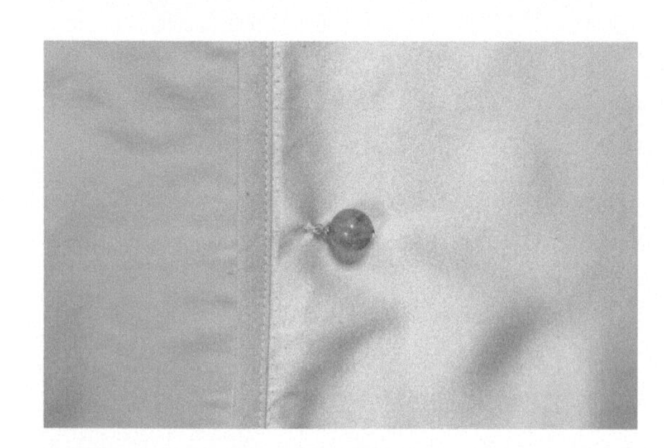

27 在另一边门襟处缝合扣子。用同样的方法缝其他扣子。

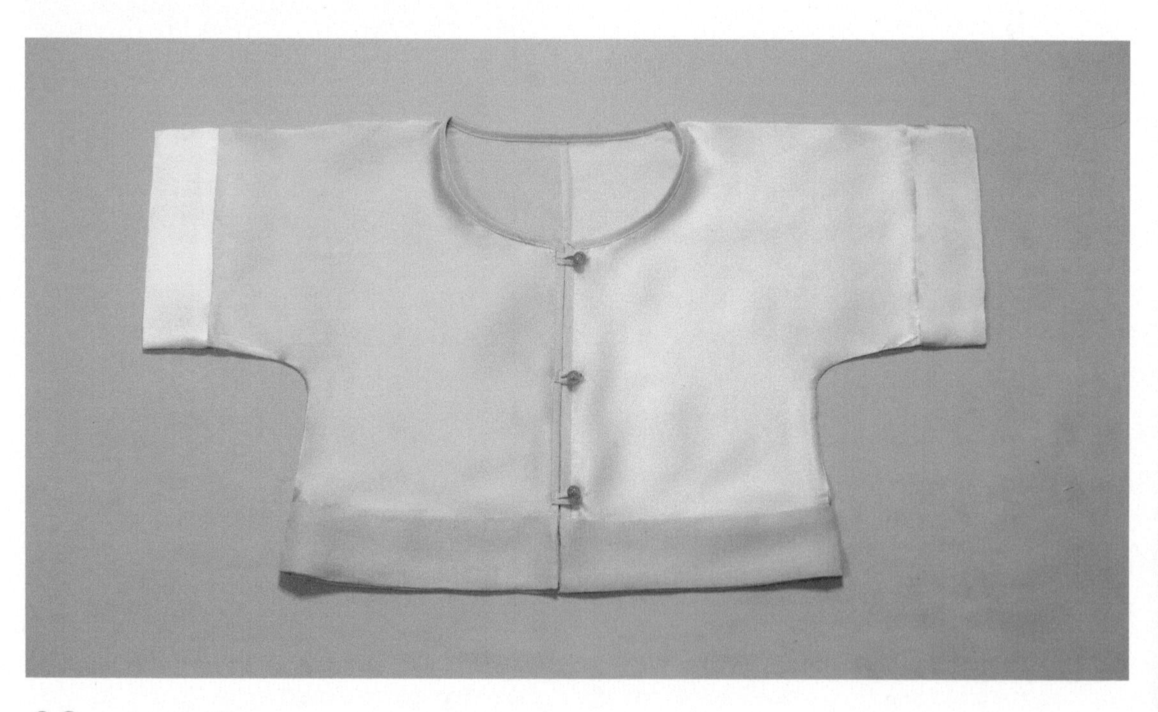

28 圆领对襟半袖就制作完成了。

第5章 上衣袄的款式

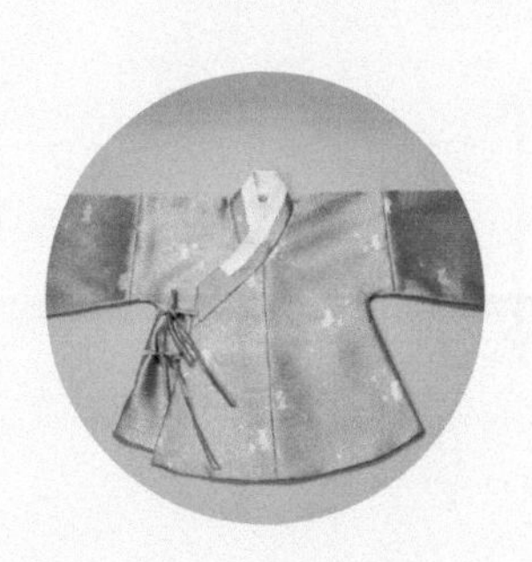

本章将介绍几种上衣袄的做法。“袄”在汉服体系中，是由两到三层面料制成的一整件衣服，这类服装一定有里布，而且冬季的袄有一层棉层，能起到更好的御寒作用。

5.1 交领短袄

交领短袄是一款明制的短袄，是明制汉服中常见的上衣，常搭配马面裙。单层交领短袄适合夏天穿，双层交领短袄适合春秋穿，冬天可以在交领短袄外搭配披风等外套。

5.1.1 款式设计和制版

本次示例的交领短袄，领子是交领，袖子是明制汉服中常见的琵琶袖，有双层布料。领子上有护领，系带有3对，两侧有开衩。

这次用的表布是织金面料，比较厚重。里布是真丝双绉。护领为薄的斜纹棉布。

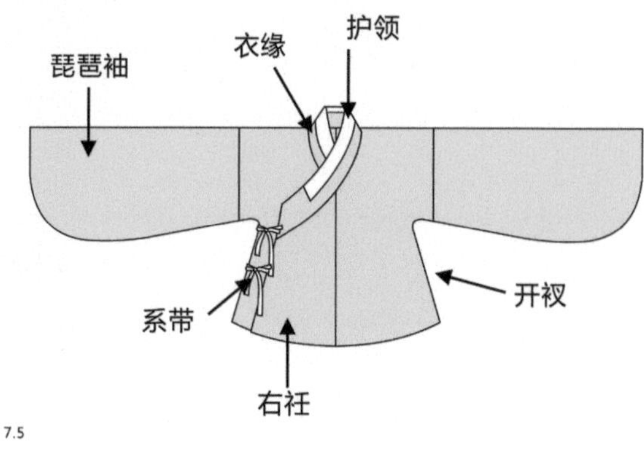

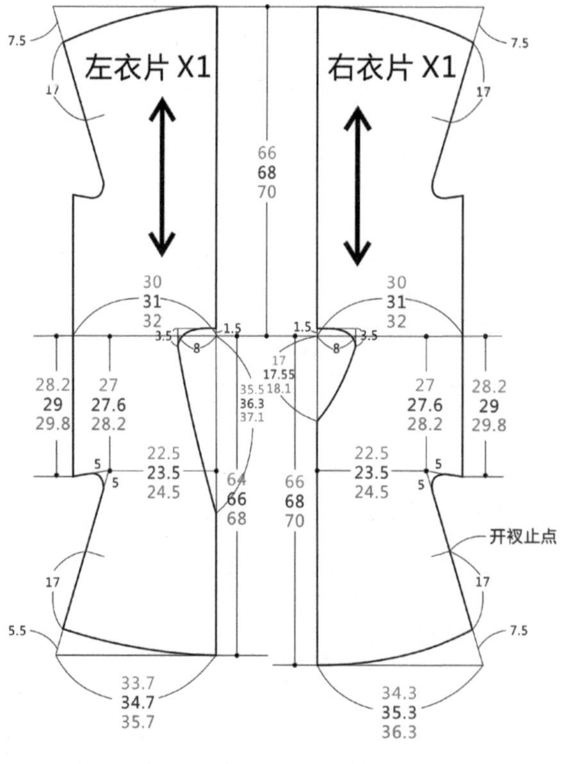

左图及下页上图所示的数据为S/M/L三个码的制版数据。浅蓝色是S码的数据，蓝色是M码的数据，橙色是L码的数据，黑色是共同数据。

35
3
系带 X6

77
6.5
4
护领 X1

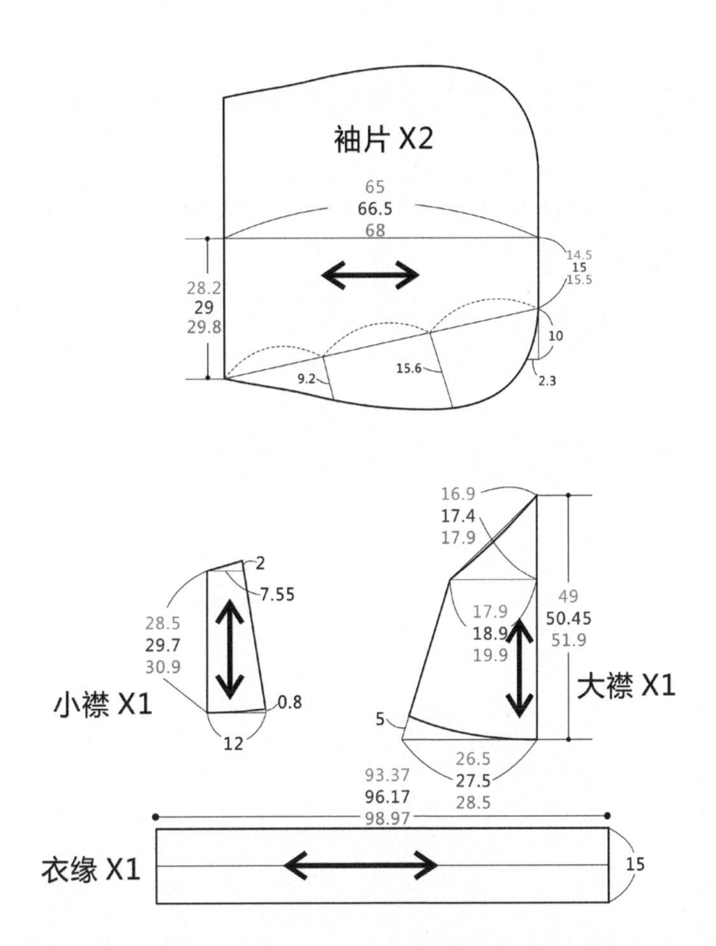

5.1.2 放缝、排料与裁剪

下面为排料图。图中数字为缝份数据，未标注的边的缝份都是 1.5cm。

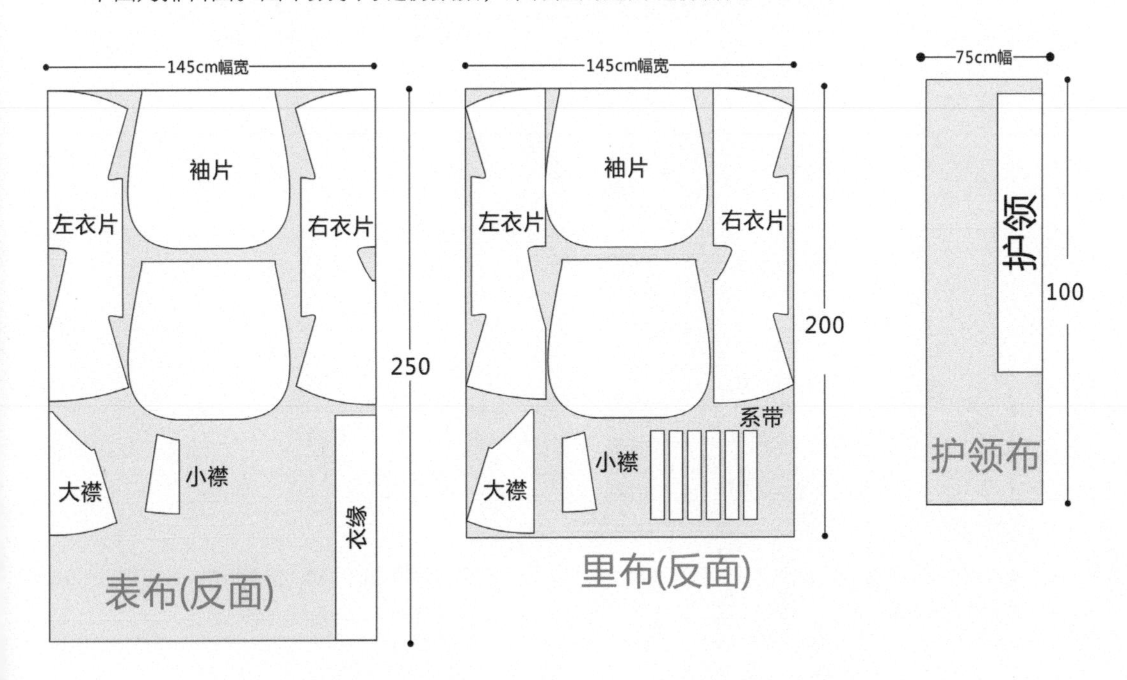

5.1.3 缝制方法

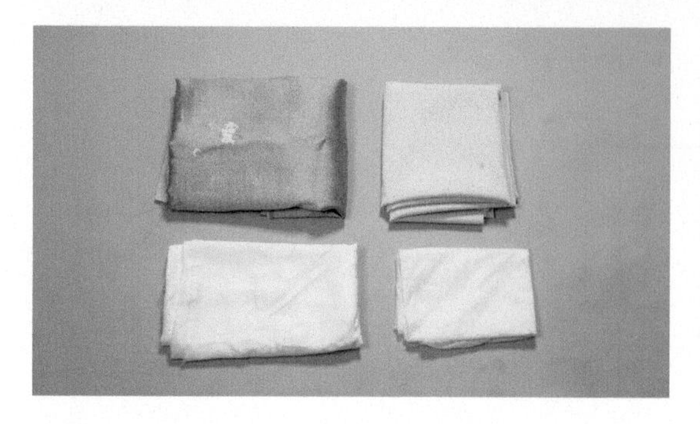

01 准备好表布、里布、无纺衬和护领布。

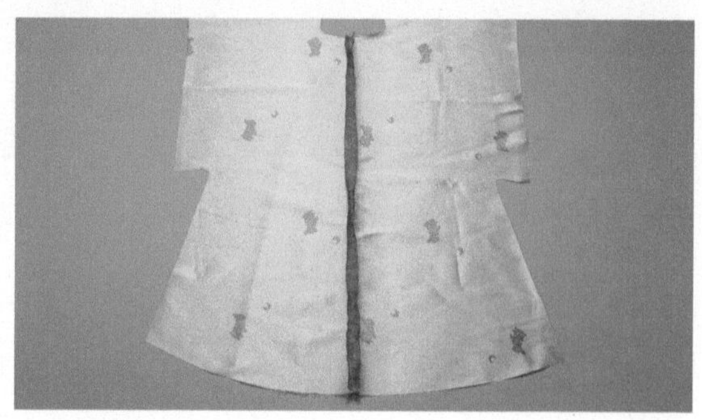

02 缝合衣片表布的后中缝，正面相对，在距边缘 1.5cm 处开始缝合，将缝份劈开烫好。

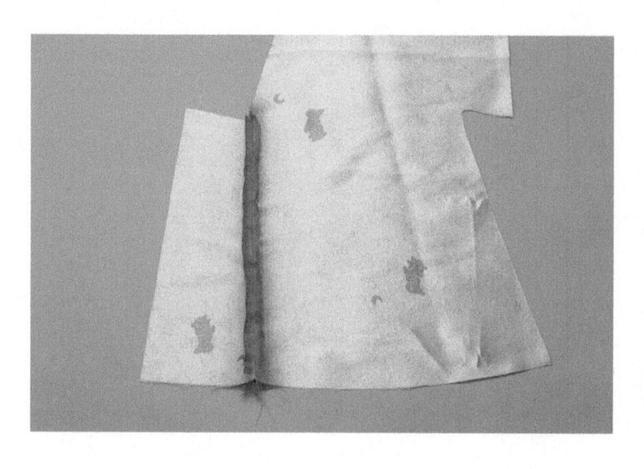

03 缝合衣片表布的小襟，正面相对，在距边缘 1.5cm 处开始缝合，将缝份劈开烫好。

04 缝合衣片表布的大襟，正面相对，在距边缘 1.5cm 处开始缝合，将缝份劈开烫好。

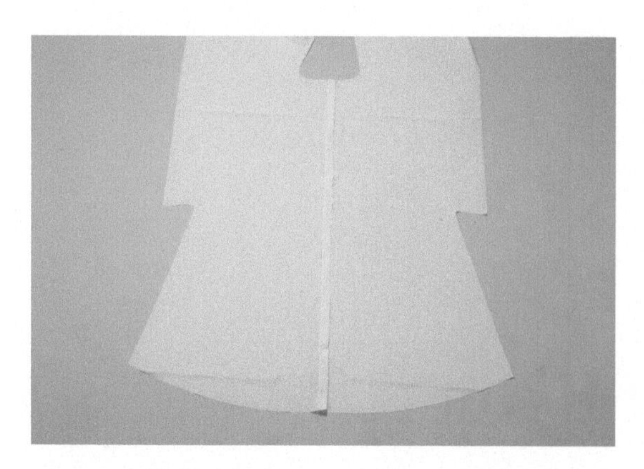

05 缝合衣片里布的后中缝，正面相对，在距边缘 1.5cm 处开始缝合，将缝份烫倒至一边。

06 缝合衣片里布的小襟，正面相对，在距边缘 1.5cm 处开始缝合，将缝份烫倒至一边。

07 缝合衣片里布的大襟，正面相对，在距边缘 1.5cm 处开始缝合，将缝份烫倒至一边。

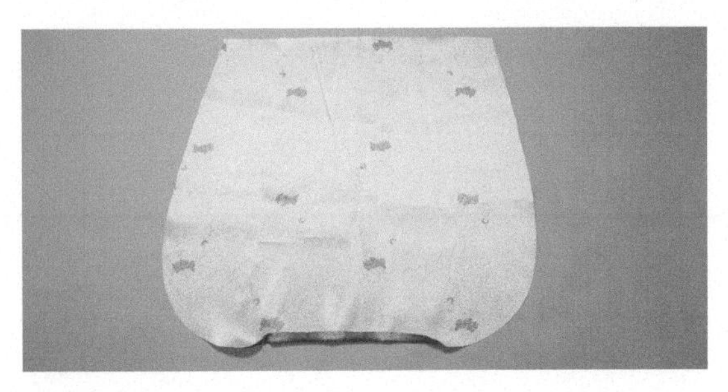

08 将袖片表布的袖口内折 1.5cm，提前折烫一下。

09 将袖片里布的袖口内折 1.5cm，也提前折烫一下。

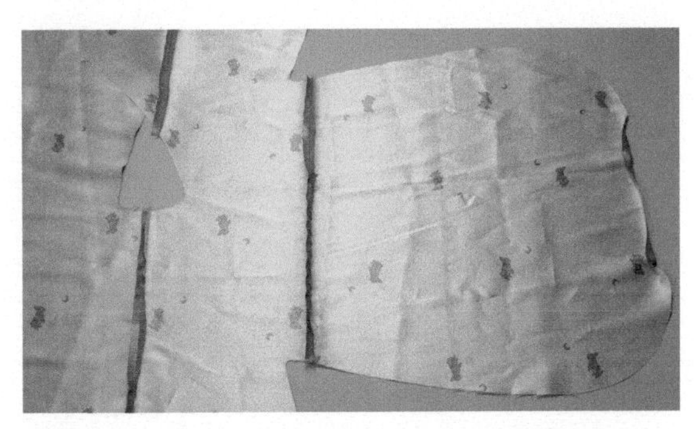

10 缝合衣片和袖片的表布，正面相对，在距边缘 1.5cm 处开始缝合，将缝份劈开烫好。

11 缝合衣片和袖片的里布，正面相对，在距边缘 1.5cm 处开始缝合，将缝份烫倒至一边。

12 按图示缝合表布的袖口止点到开衩止点。正面相对，在距边缘 1.5cm 处开始缝合。

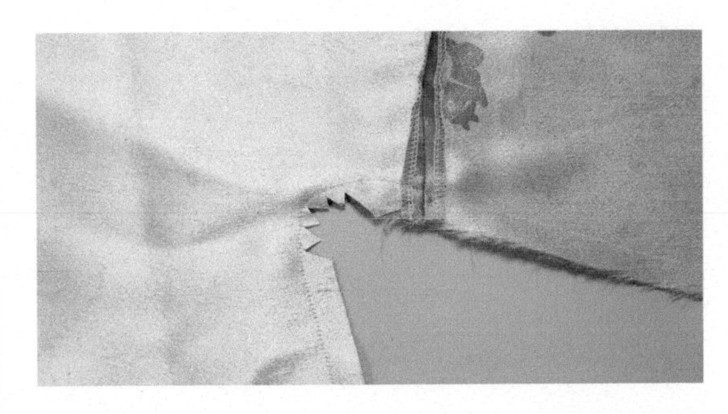

13 在腋下弧线处剪多个三角形剪口，便于翻折至正面后，更方便活动。

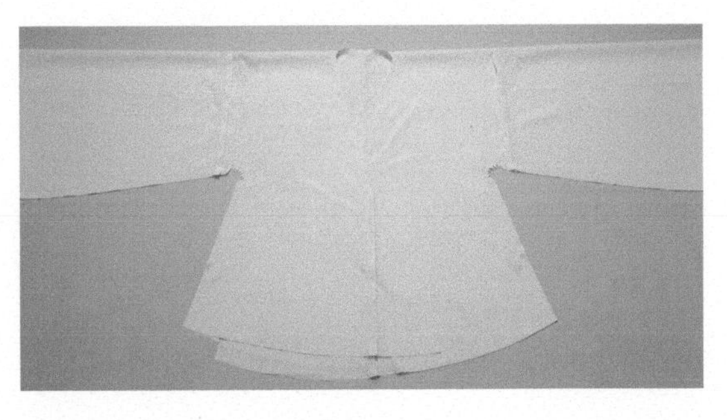

14 里布用同样的方法处理。

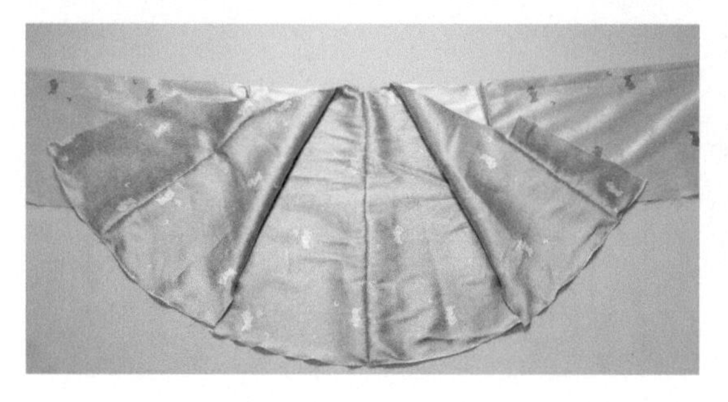

15 反面朝上，将衣片表布展开。

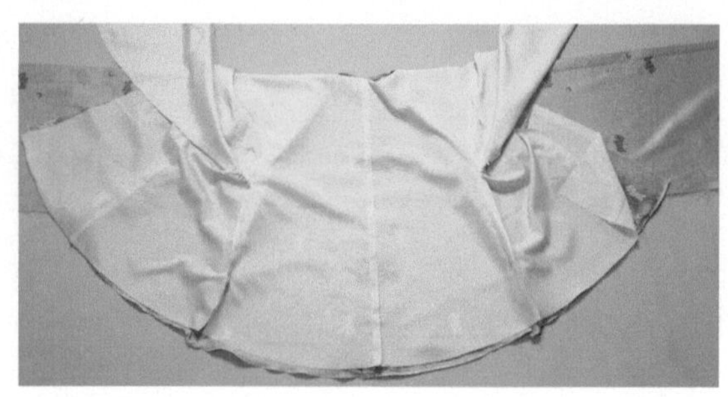

16 使表布衣片正面与里布衣片正面相对。

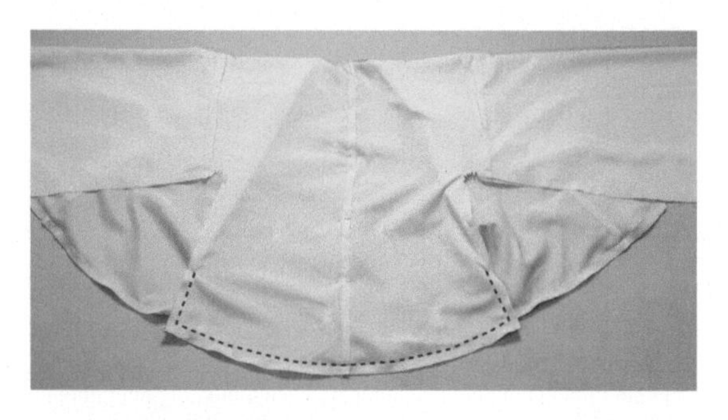

17 固定后衣片底摆至两端开衩的部分，按图示在距边缘 1.5cm 处缝合。

18 固定小襟底摆至开衩和小襟外边缘的部分，按图示在距边缘 1.5cm 处缝合。

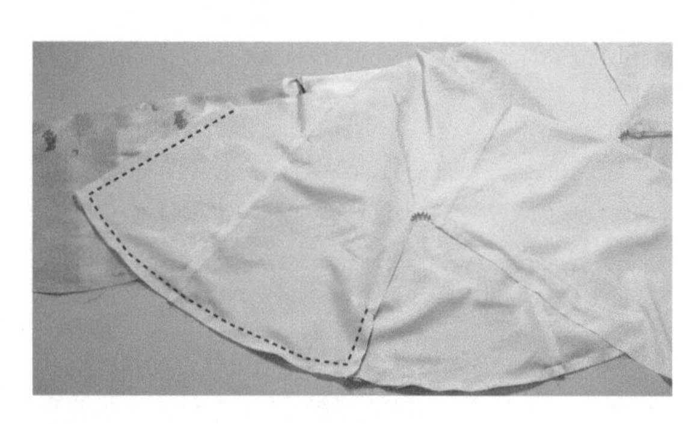

19 固定大襟底摆至开衩和大襟外边缘的部分，按图示在距边缘 1.5cm 处缝合。

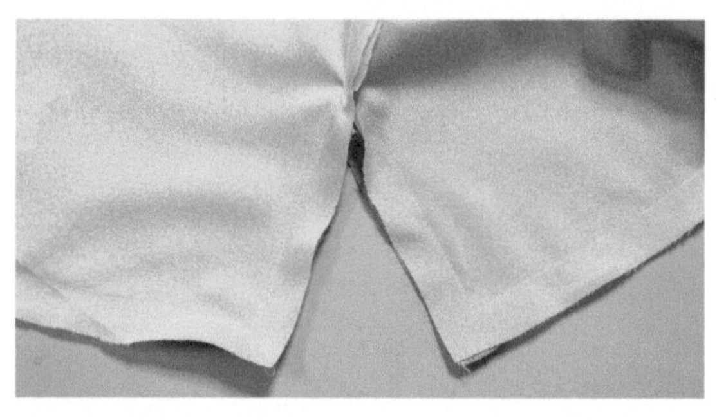

20 注意衣片表布和衣片里布开衩止点一定要对齐。

21 在里布开衩止点修剪一个三角形的剪口，将折角处的缝份也修剪一下，注意不要剪到缝线。

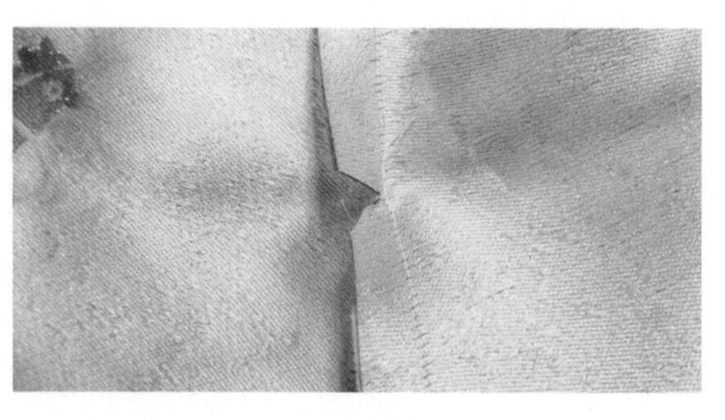

22 表布开衩止点也用同样的方法处理。

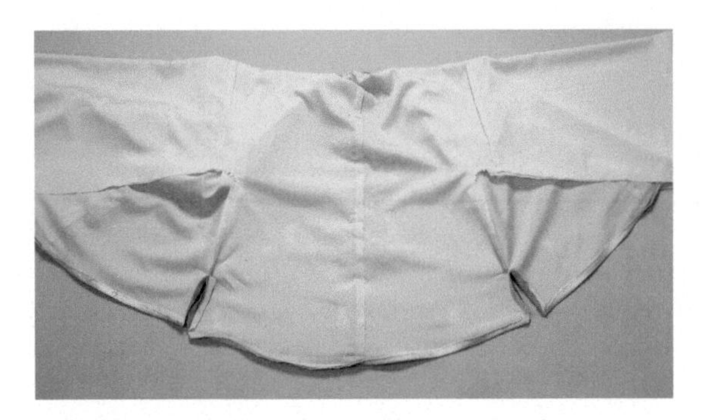

23 把缝份折烫至衣身的方向。

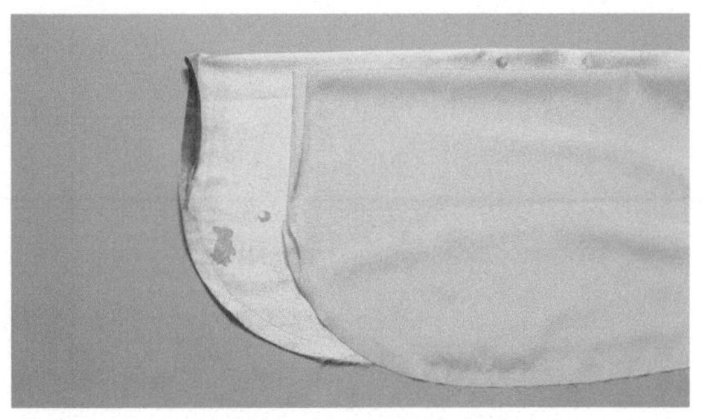

24 将表里布的袖子铺平整，注意方向的一致性。

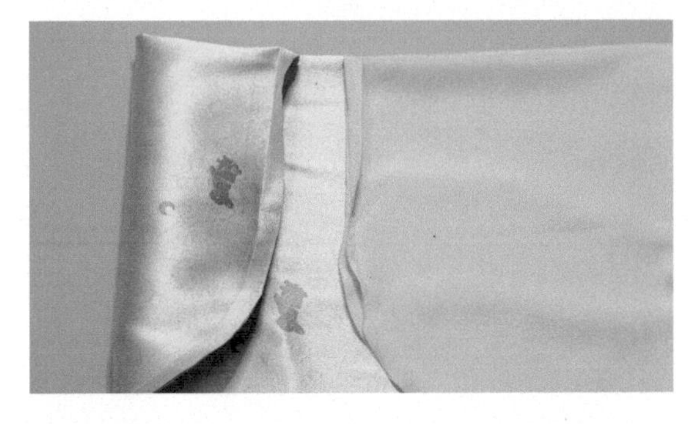

25 将里布袖口向表布方向折 1.5cm，与表布袖口相对。

26 在距边缘 1.5cm 处缝合袖口一周。

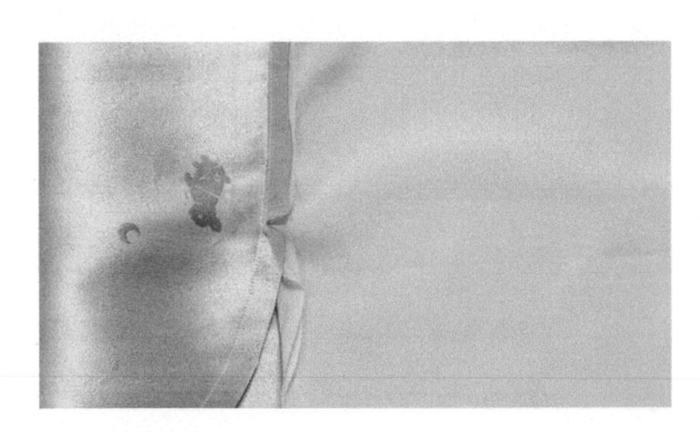

27 在袖口止点的缝份上修剪一个三角形的剪口。

28 缝合好后，将衣片翻至正面。

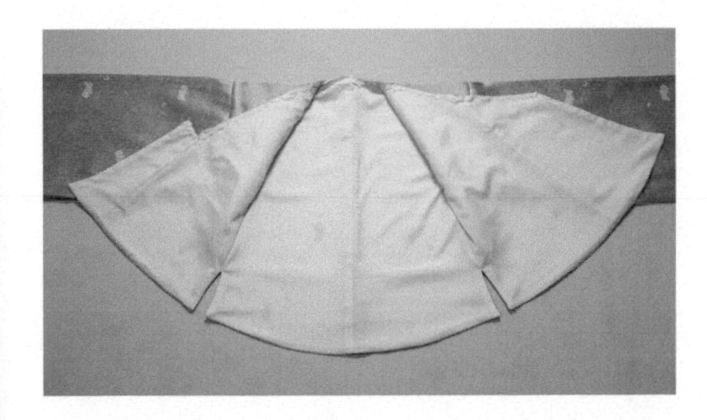

29 这是衣服里面的样子。

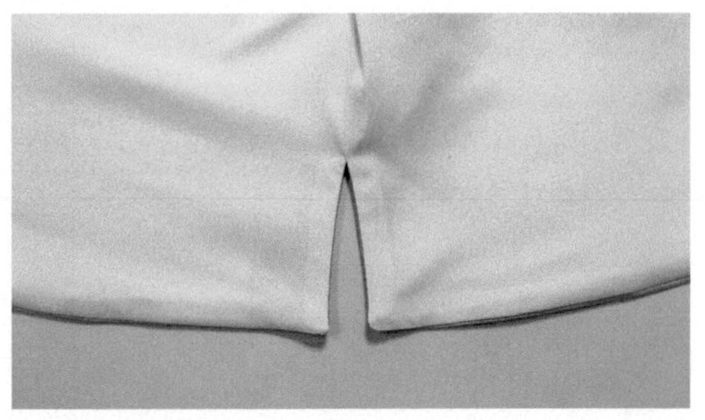

30 这是开衩的样子。

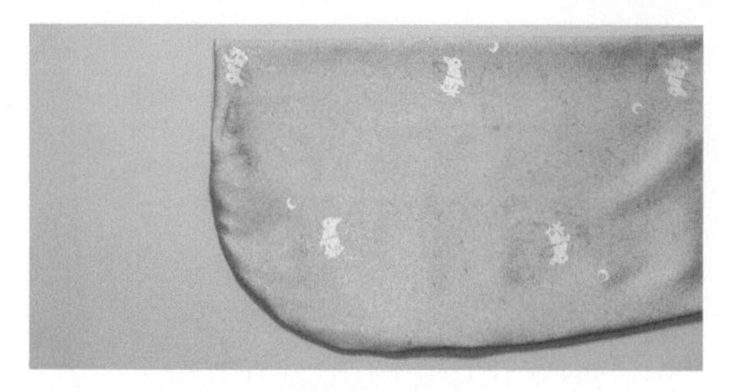

31 这是袖口的样子。

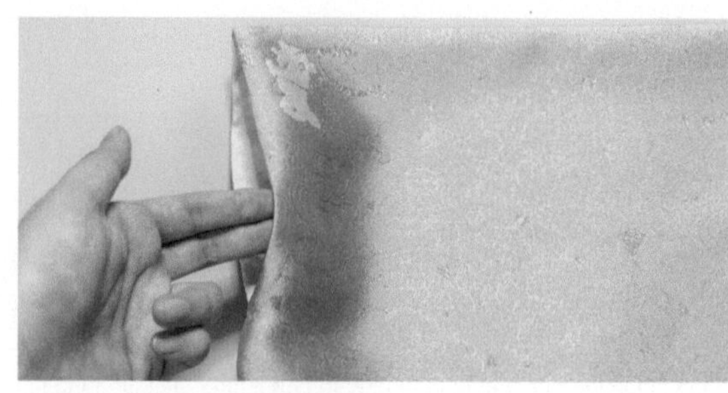

32 这是袖口掀开的样子。

33 将衣缘粘好无纺衬并折烫处理好。具体方法可参考“1.3.4 布料预处理、排料和裁剪”中“处理缘边”。

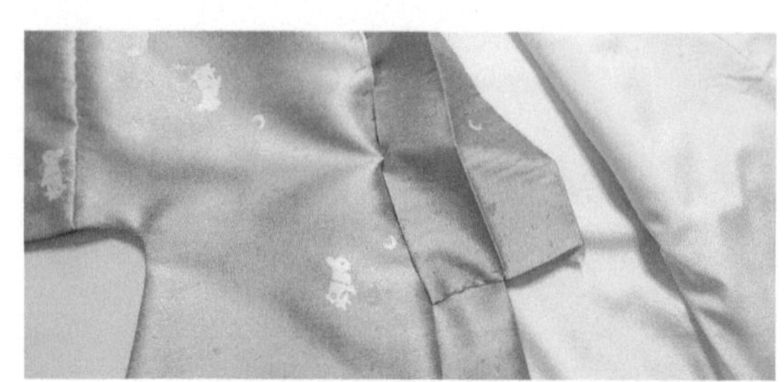

34 固定小襟的位置。

35 手缝一段距离并插入珠针，以临时固定。

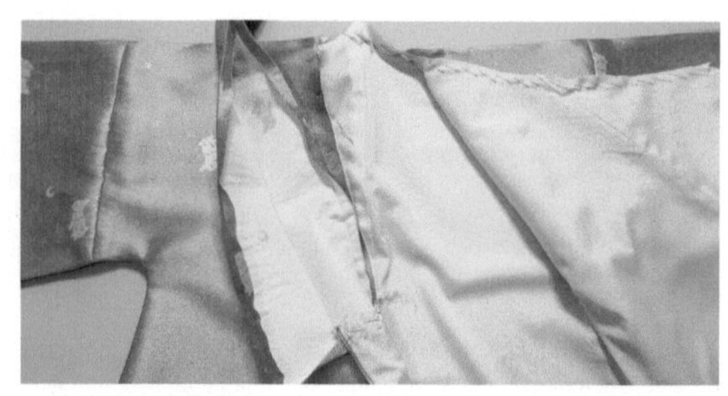

36 掀开衣服，将衣缘固定到领子上。由于领线是斜线，容易拉伸变形，所以可以提前缝一条线以临时固定。

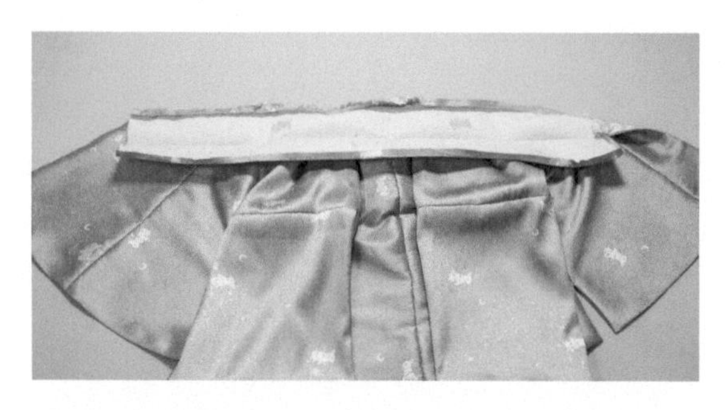

37 这是缝好后的样子。在领子的最弯曲处可以剪一些三角形剪口以让线条更加顺滑。

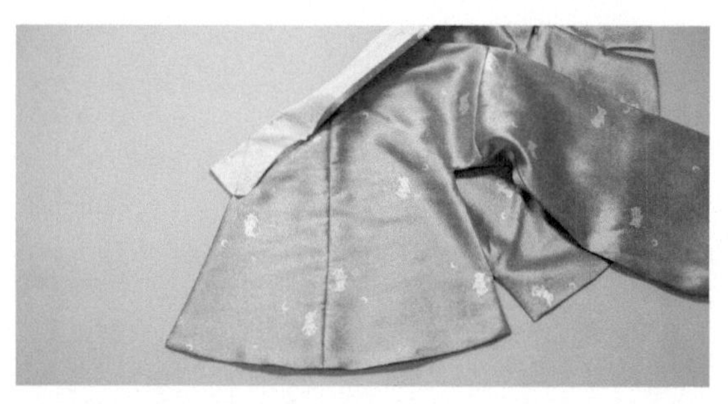

38 将大襟的衣缘沿中心线反向对折，缝合一条延长线。

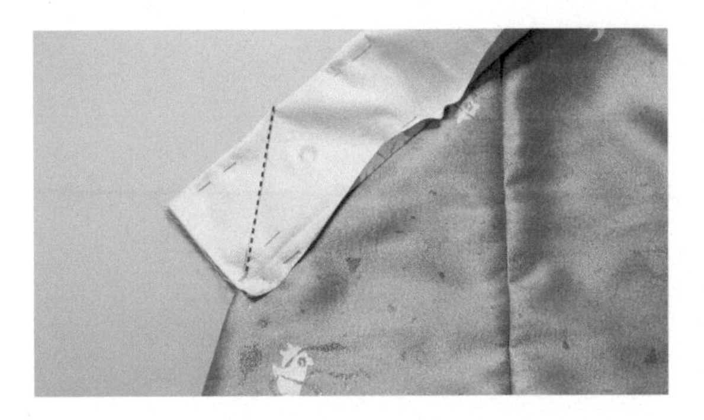

39 这是缝好后的样子。

40 修剪缝份。

41 用衣缘包住缝份，用珠针固定，小襟部分可以用暗针法缝合。

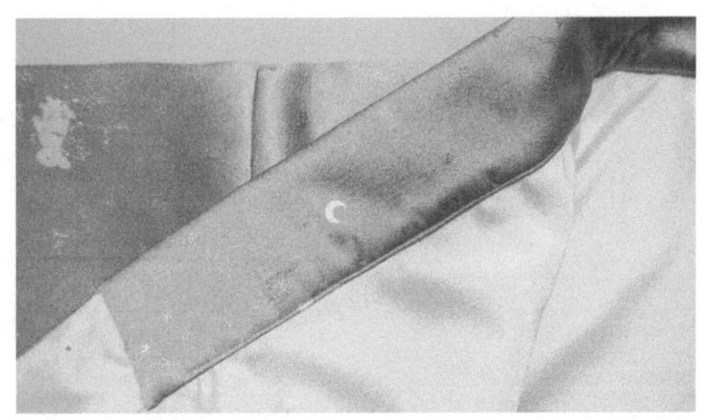

42 其他部分按照前述方法制作。

43 这是完成后的样子。

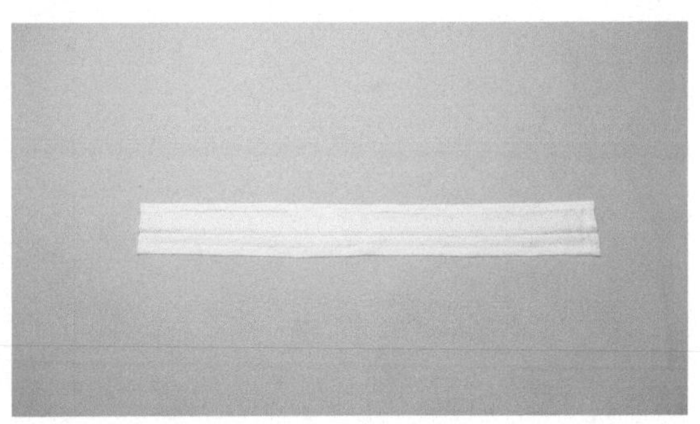

44 将护领按照制版图折烫。

45 固定护领的短边，用缝纫机车缝。

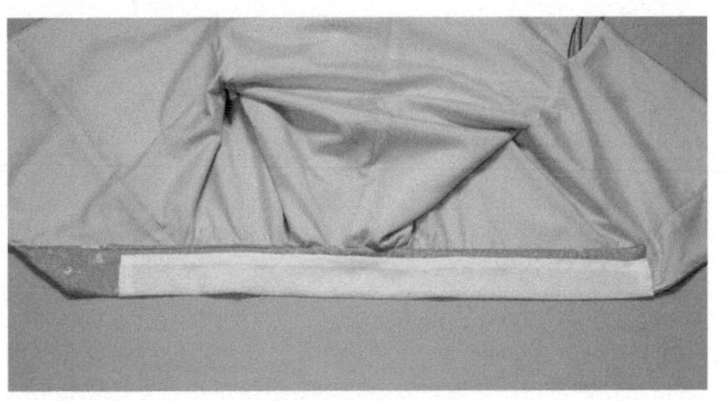

46 将护领折下包住衣缘后，长边用暗针法缝合。

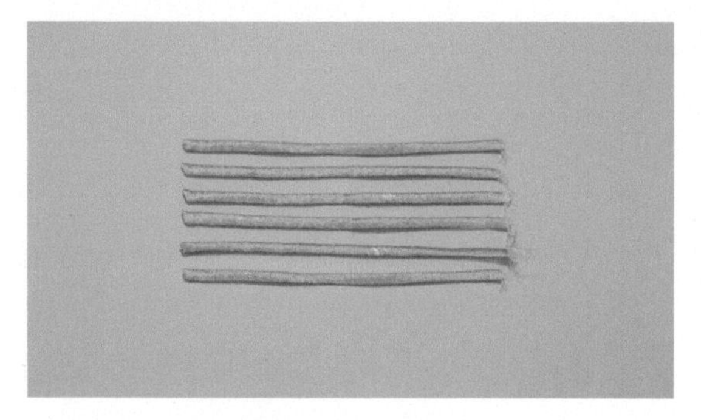

47 准备好 6 条系带。

48 两条系带为一对。固定好大襟的两对系带，间隔 10cm 左右。

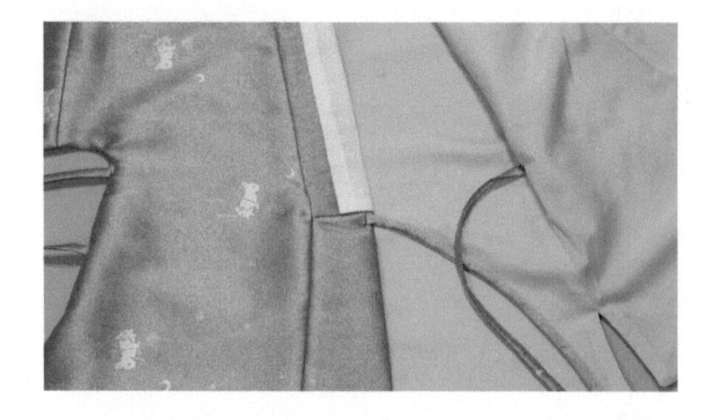

49 在小襟固定一对系带。

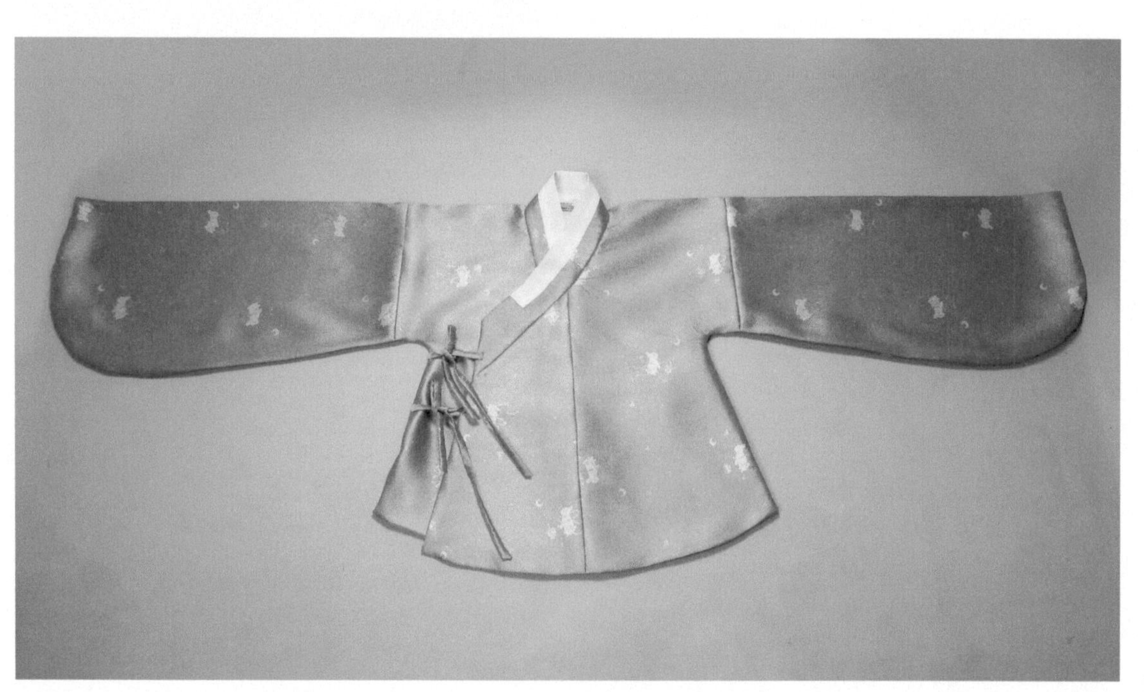

50 交领短袄就制作完成了。

5.2 立领对襟短袄

立领对襟短袄是一款明制的短袄，是明制汉服中常见的上衣，常搭配马面裙。单层的立领对襟短袄适合夏天穿，双层的立领对襟短袄适合春秋穿，冬天可以在立领对襟短袄外搭配披风等外套。

5.2.1 款式设计和制版

本次示例的立领对襟短袄，领子是立领，袖子是明制汉服中常见的琵琶袖，有双层布料，两侧有开衩，左右各有门襟，右门襟下有一片掩襟，门襟上有6对子母扣。

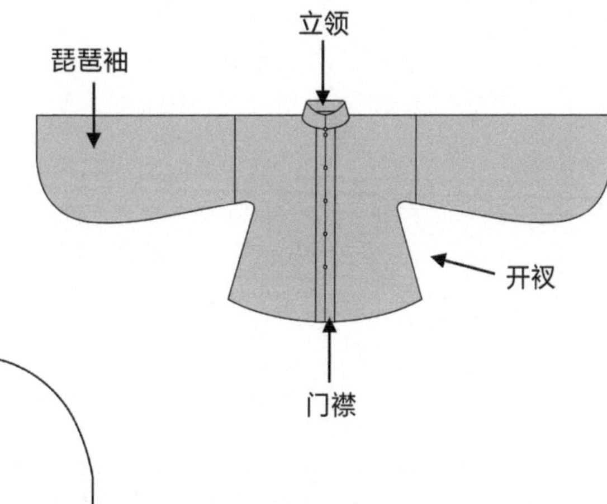

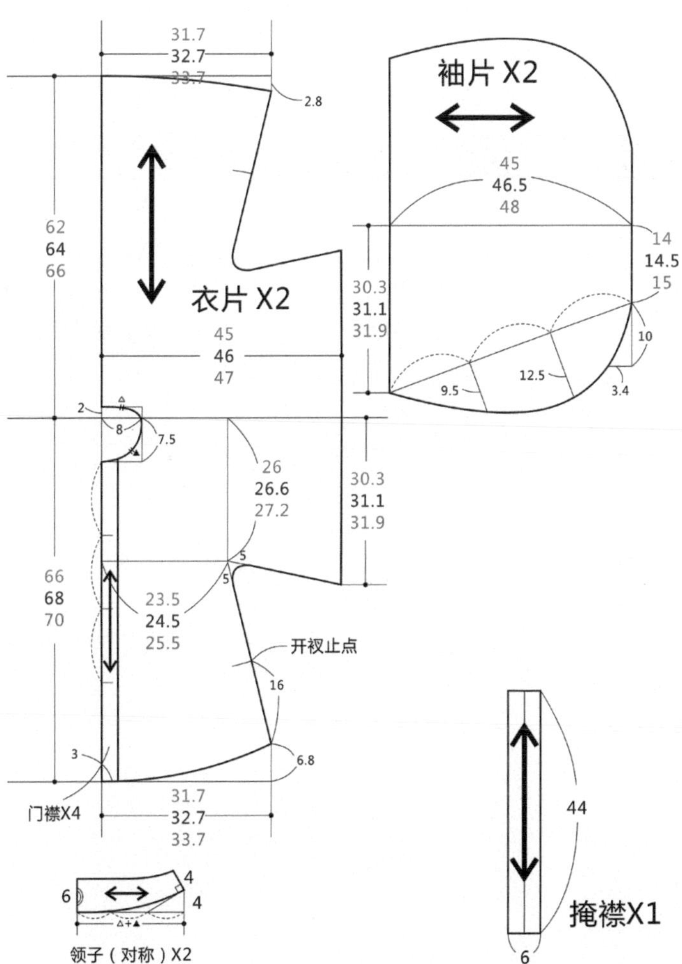

左图所示的数据为S/M/L三个码的制版数据。浅蓝色是S码的数据，蓝色是M码的数据，橙色是L码的数据，黑色是共同数据。

5.2.2 放缝、排料与裁剪

下面为排料图。图中数字为缝份数据，未标注的边的缝份都是 1.5cm。

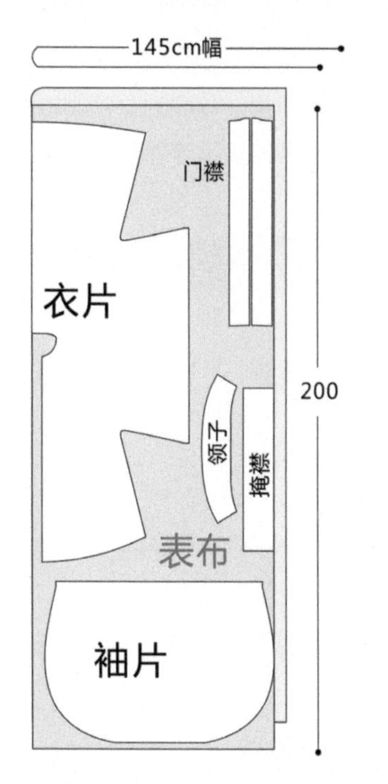

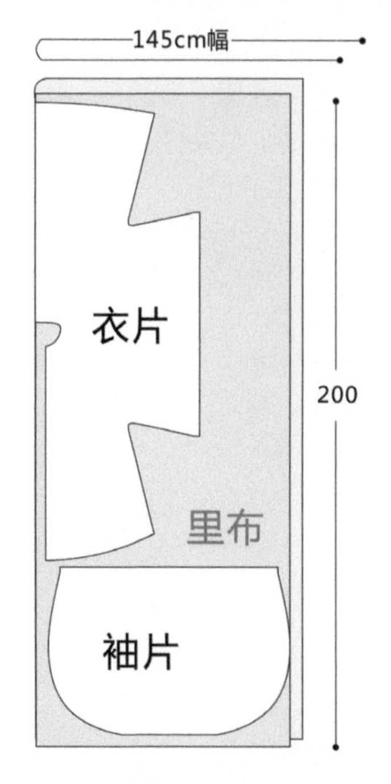

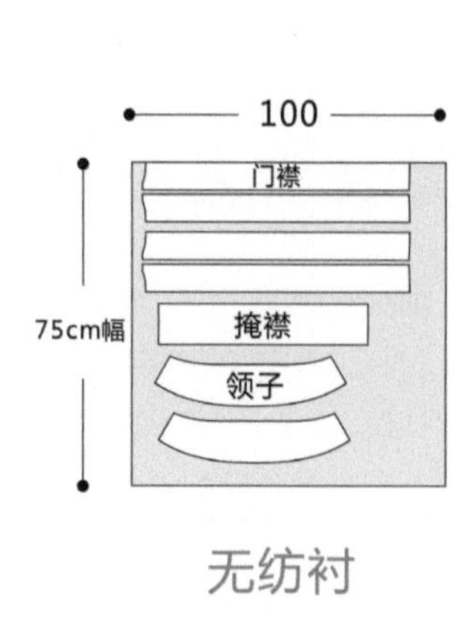

无纺衬

5.2.3 缝制方法

01 准备好表布、里布和无纺衬，还有 6 对扣子。

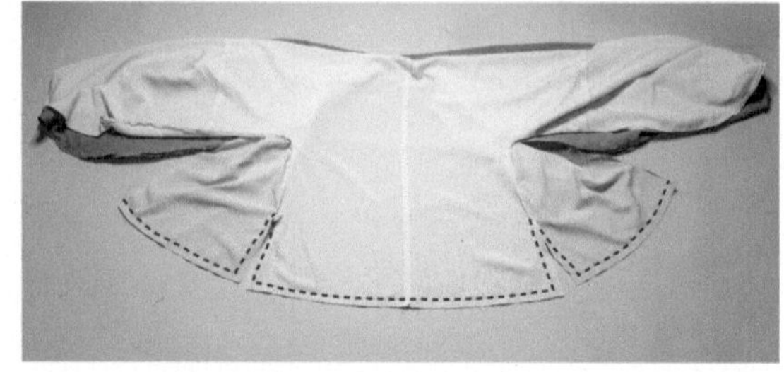

02 按照制作交领短袄的方法制作表布和里布，并将表里布正面相对，固定图示部分。

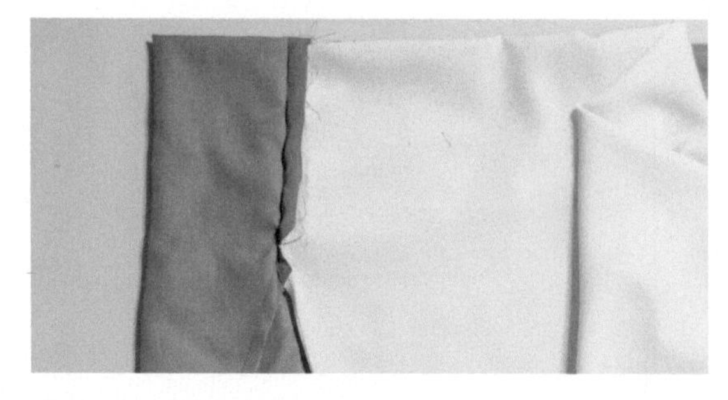

03 袖子的处理方法也同交领短袄。

04 在所有门襟和掩襟反面粘上同等大小的无纺衬。

05 将掩襟对折，反面朝上，在距边缘 1.5cm 处分别缝合两端。

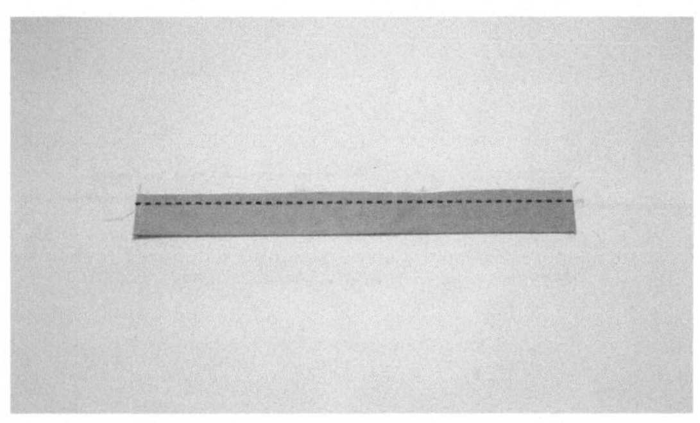

06 将掩襟翻至正面，压烫整理好，可按图示位置缝合一条临时固定线。

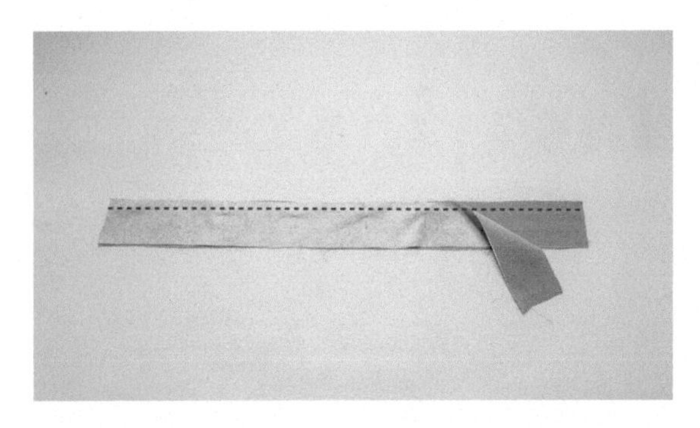

07 将一对门襟正面相对，按图示，在距离边缘 1.5cm 处缝合。

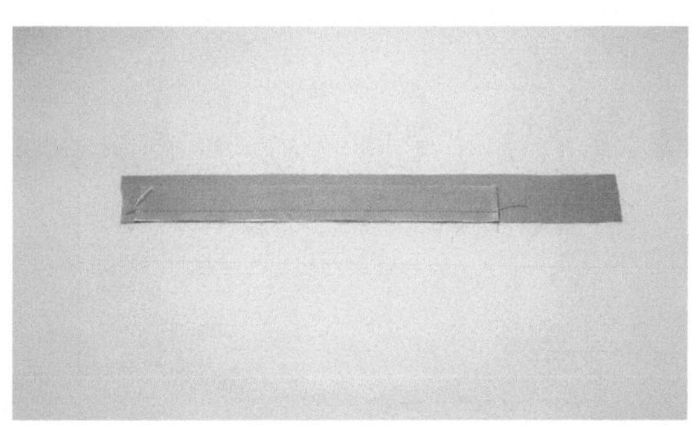

08 在另一片门襟上放置缝合好的掩襟。

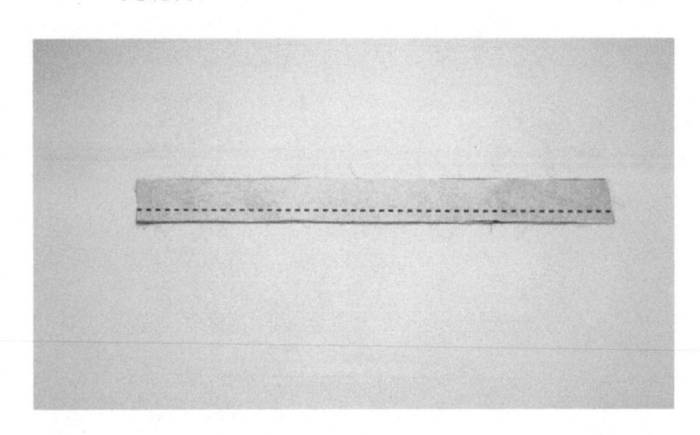

09 覆盖另一片门襟，正面相对，按图示，在距离边缘 1.5cm 处缝合。

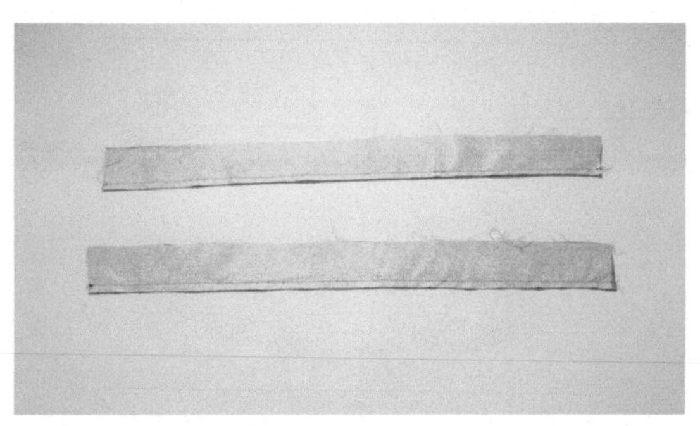

10 修剪缝份。

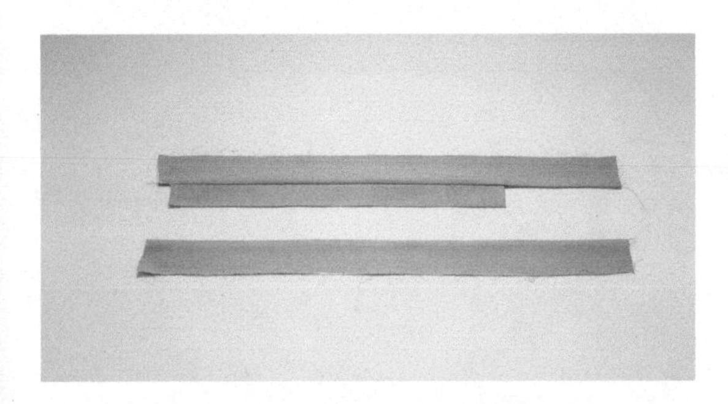

11 将门襟和掩襟翻至正面，压烫整理好。

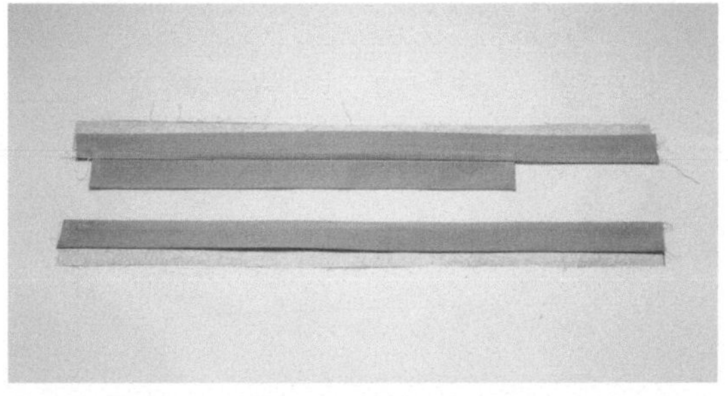

12 将门襟其中一边向反面折 1.5cm，并进行压烫。

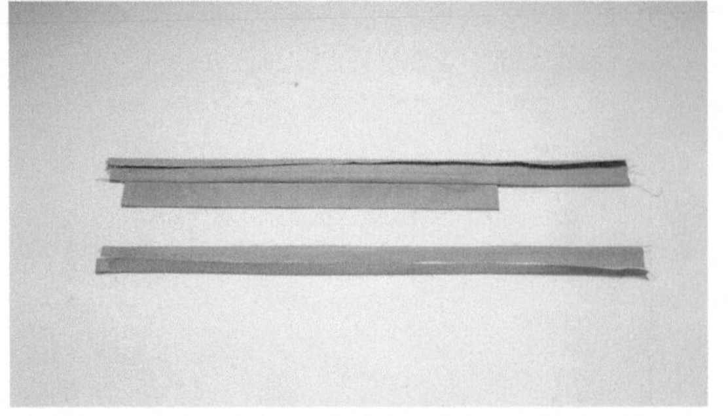

13 用门襟另一边包住折进去的一边。

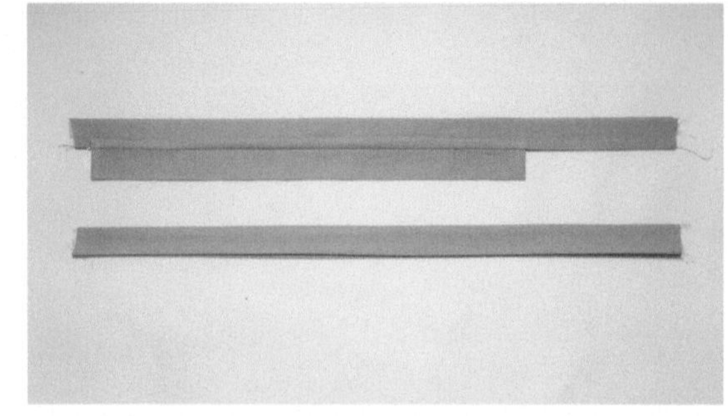

14 将门襟一边展开并向反面沿折痕折，这样两层的宽度间就会有0.5cm左右的差值。这个方法与做衣缘、裙腰的方法相同。

15 这是放大后的样子。

16 拿出做好的衣身。

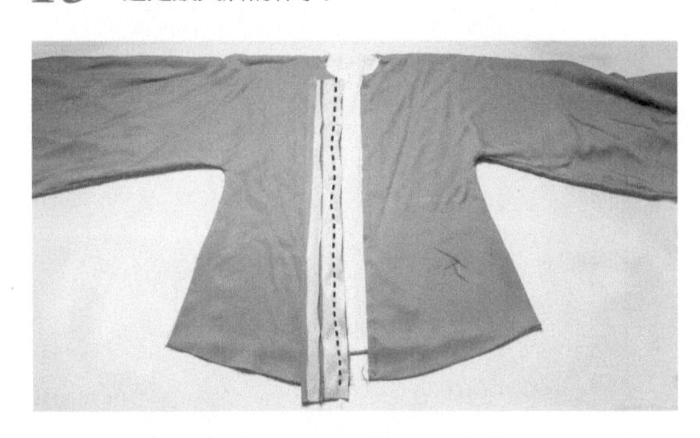

17 将没有掩襟的门襟与衣身正面相对，在距边缘1.5cm处缝合。

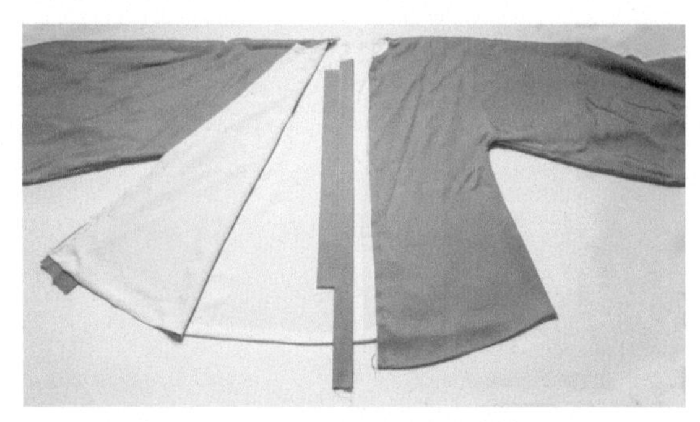

18 准备好有掩襟的门襟。

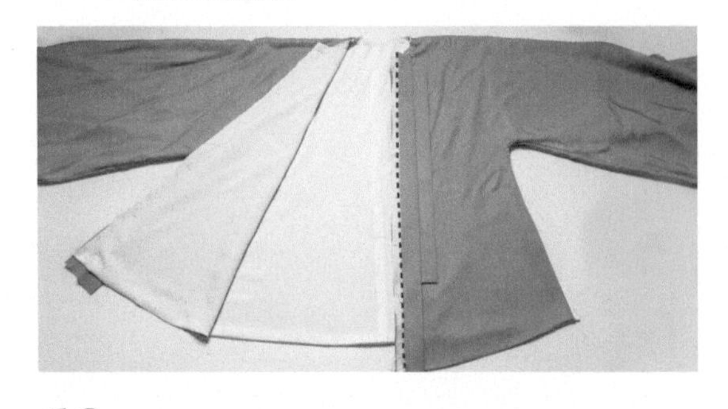

19 依旧是将门襟与衣身正面相对，在距边缘1.5cm处缝合。

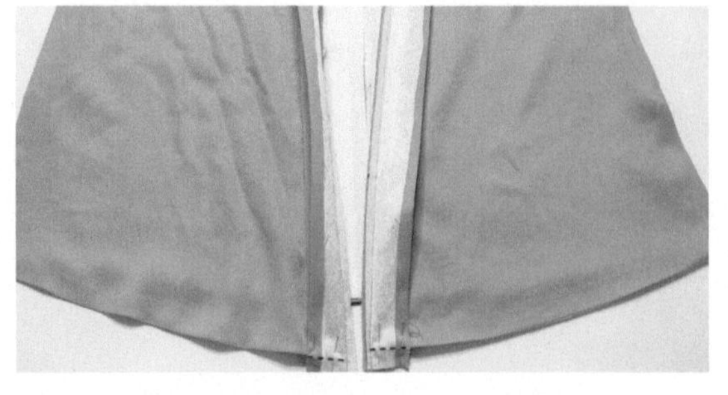

20 与衣缘的做法相同，沿中心线反向对折，按图示，在距下边缘1.5cm处开始缝合。

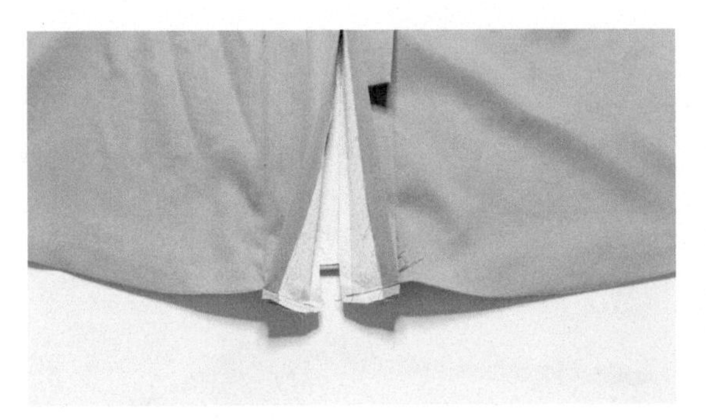

21 缝好后修剪缝份。

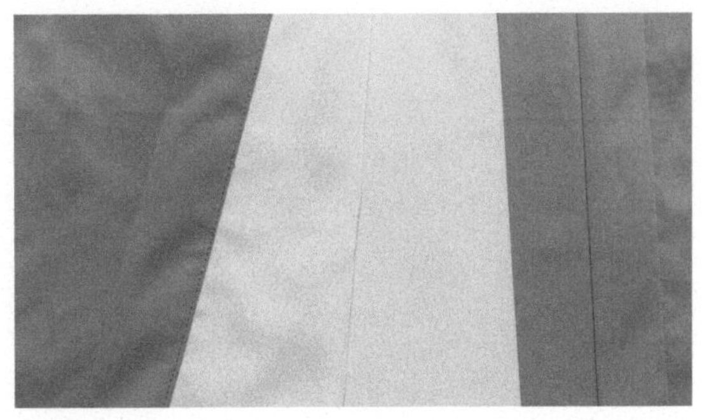

22 按照衣缘的做法，沿着缝隙车缝。这是缝合后的样子。

23 准备好领面和领里，分别粘好无纺衬，将领口线向反面折烫 1.5cm。

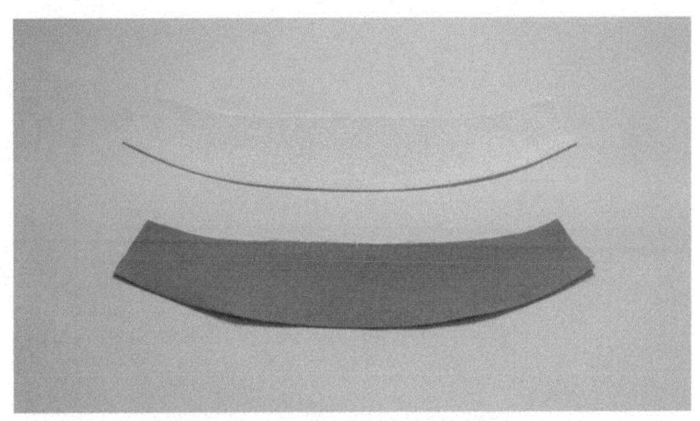

24 可在另一边中间做一个剪口标记。

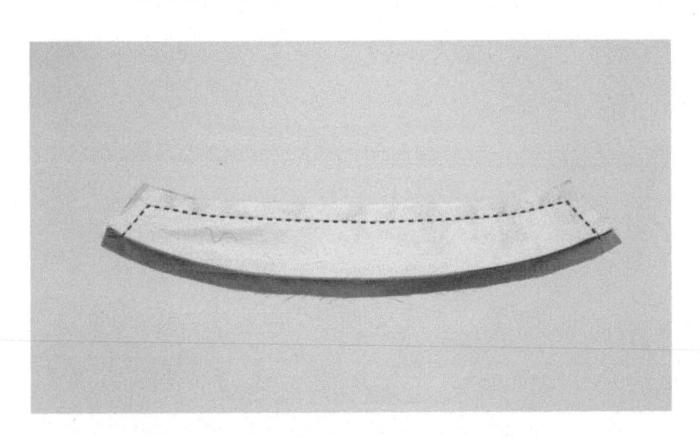

25 将领面和领里按照图中位置缝合，缝合线距边缘 1.5cm。

26 修剪缝份，尤其是折角处。

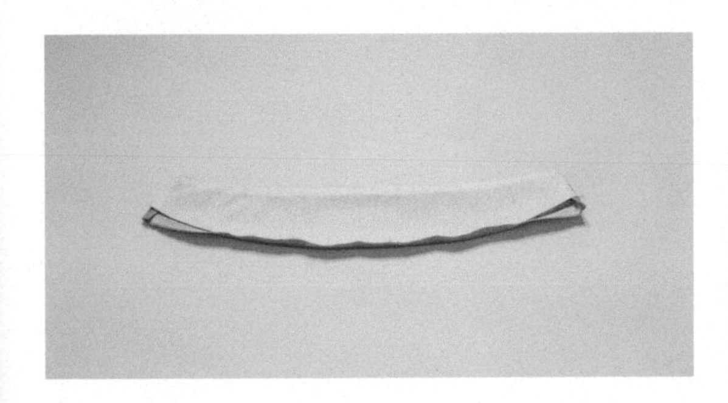

27 将领子翻至正面，压烫整理好。

28 准备好衣身，找到领口的位置，正面朝上。

29 将衣身与领面正面相对，缝合领口，缝合线距边缘1.5cm。

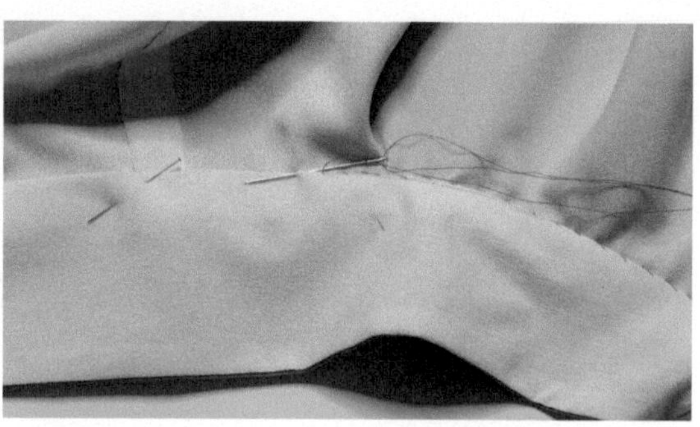

30 用领里覆盖缝份，先用珠针临时固定，再用暗针法缝合领口。

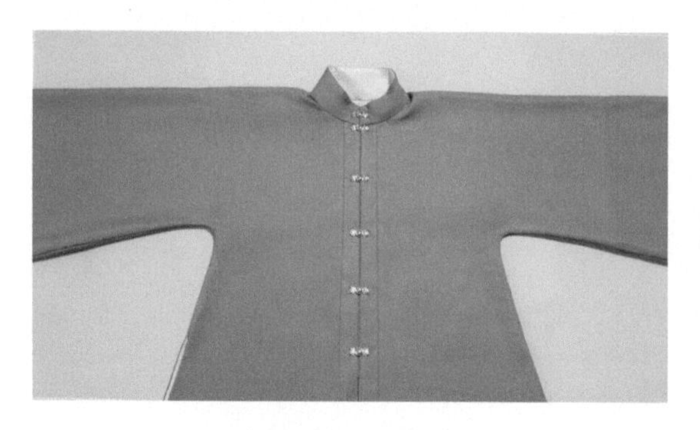

31 固定好所有扣子。

32 注意扣子所在的中线要与衣襟对齐。

33 立领对襟短袄就制作完成了。

5.3 竖领片襟长袄

竖领片襟长袄是一款明制的长袄，是明制汉服中常见的上衣，常搭配马面裙。单层的竖领片襟长袄适合夏天穿，双层的竖领片襟长袄适合春秋穿，冬天可以在竖领片襟长袄外搭配披风等外套。

5.3.1 款式设计和制版

本次示例的竖领片襟长袄，领子是立领（立领又叫竖领），门襟是片襟，由系带控制衣服的开合，袖子是大袖，有双层布料，两侧有开衩。

这次用的表里布都是提花欧根纱，该布料比较轻薄，也很挺括，很适合春秋穿。

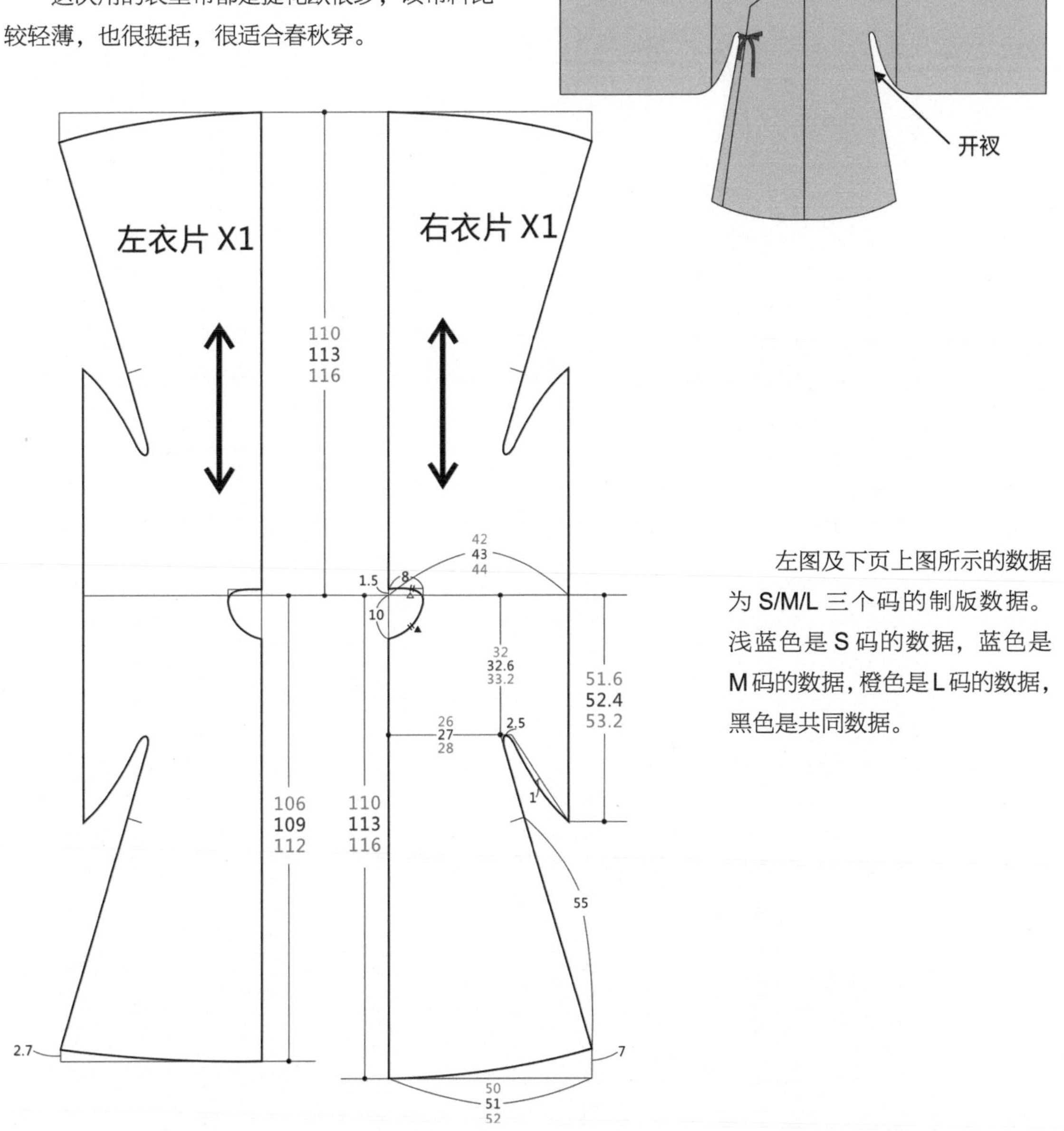

左图及下页上图所示的数据为 S/M/L 三个码的制版数据。浅蓝色是 S 码的数据，蓝色是 M 码的数据，橙色是 L 码的数据，黑色是共同数据。

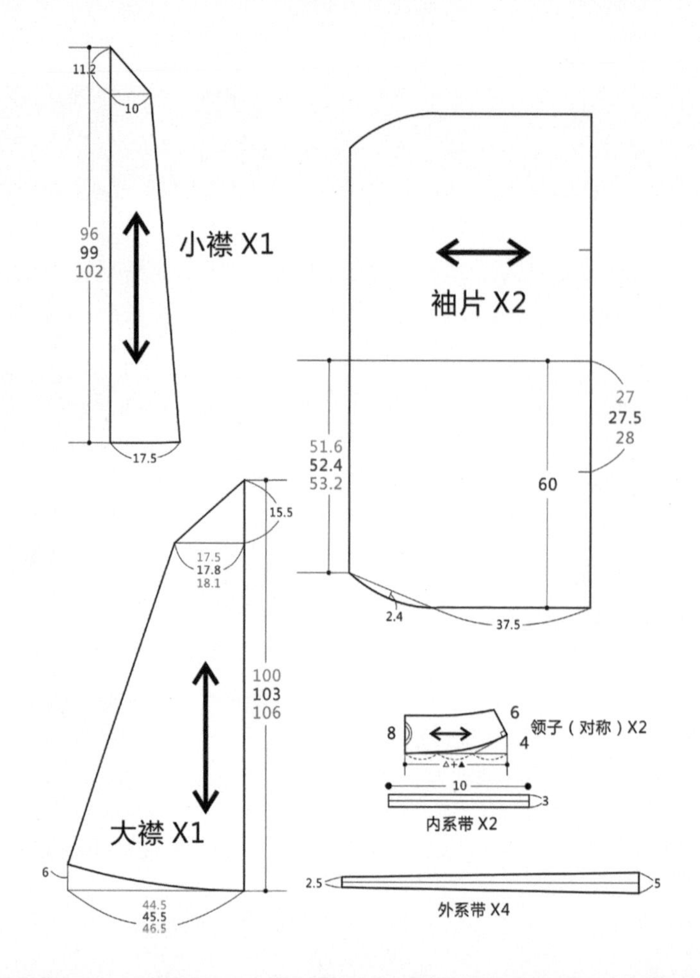

5.3.2 放缝、排料与裁剪

右边为排料图。图中数字为缝份数据，未标注的边的缝份都是1.5cm。

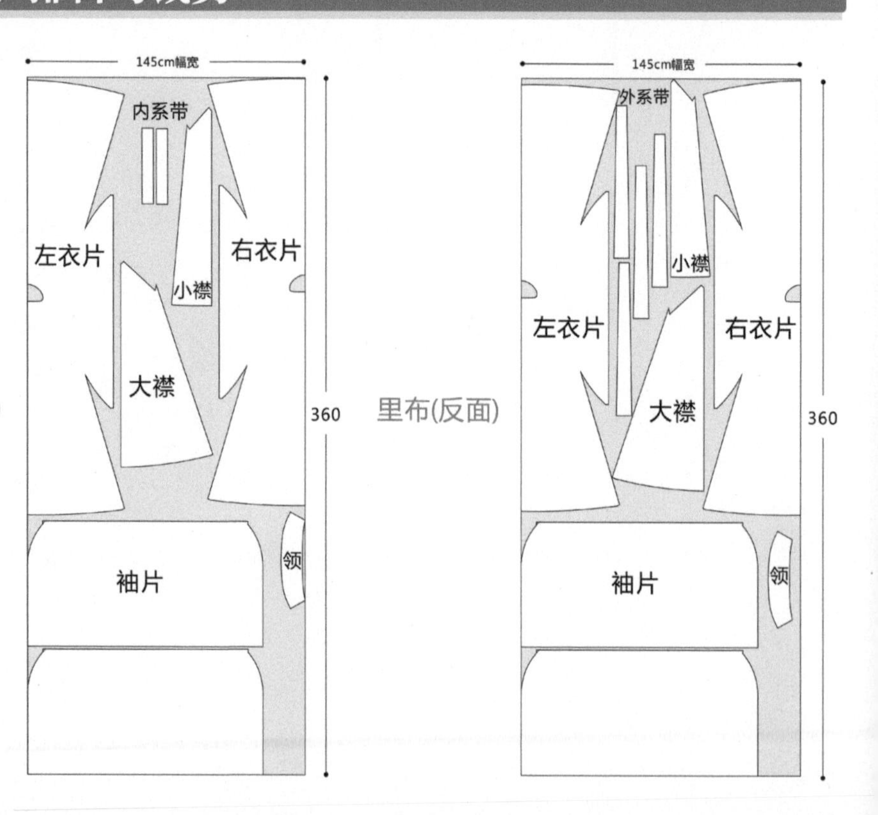

5.3.3 缝制方法

01 与交领短袄的制作方法一样。表布按照后中线、大小襟、袖子的顺序拼接好，侧边线从袖口缝合到侧开衩位置。

02 里布的拼接顺序也与交领短袄的拼接顺序一样，但是注意大小襟是按照相反的方向拼接的。

03 表里布的拼接方式与交领短袄一样，也是布料正面相对，缝合前中线、大小襟侧线、所有底摆至开衩位置。

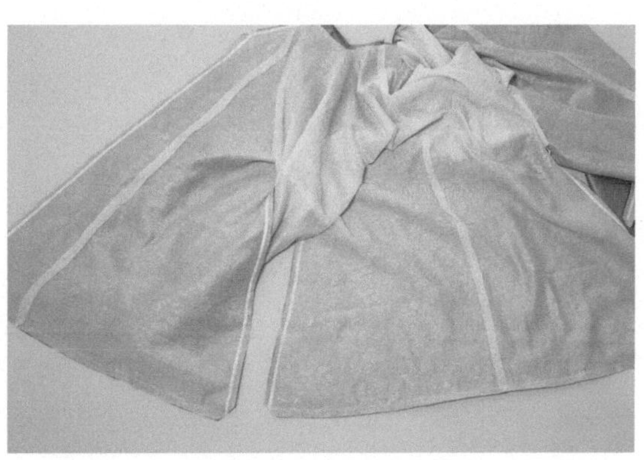

04 所有折角都要修剪一下，以便于翻折。

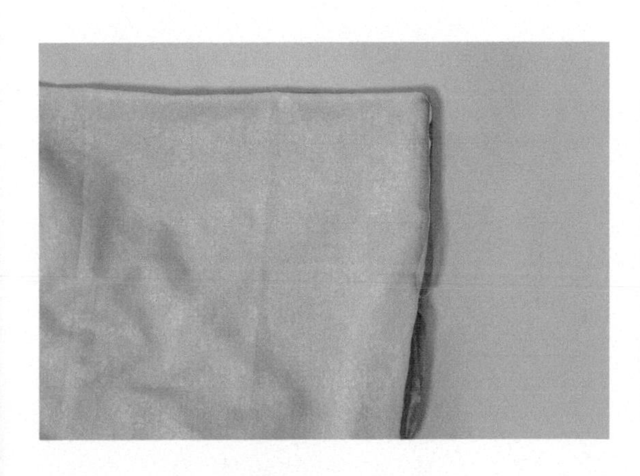

05 袖口的拼接方式与交领短袄一样。

06 把衣服翻折到正面，熨烫平整。

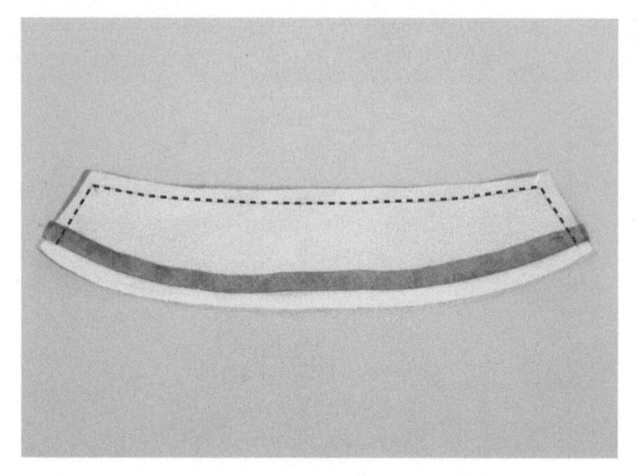

07 将领子正面相对，缝合图中红线的位置。

08 翻折到图示位置，熨烫平整。

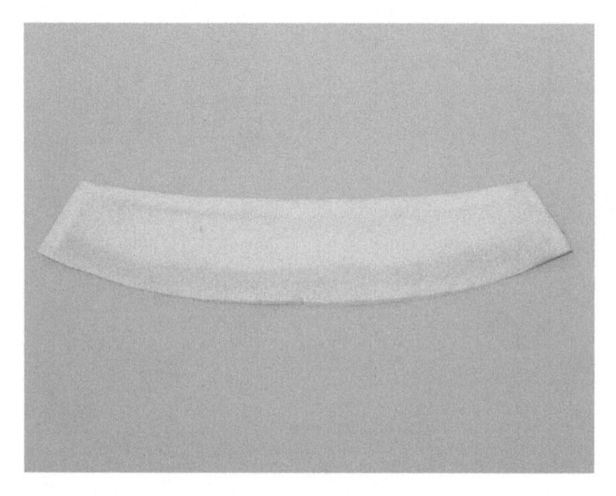

09 翻折到正面，这是正面的样子。

10 缝合领子，并缝上两对子母扣。

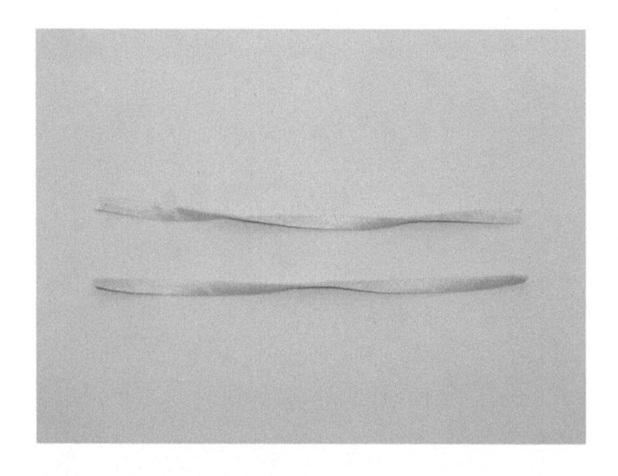

11 做好两条内系带。

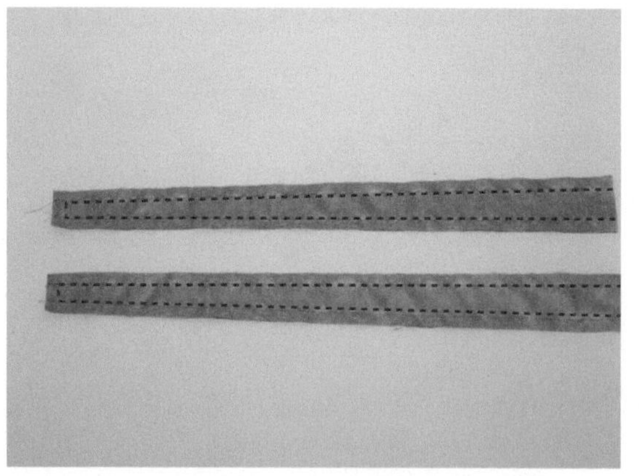

12 外系带两两一对，分别正面相对，缝合图中红线的位置。

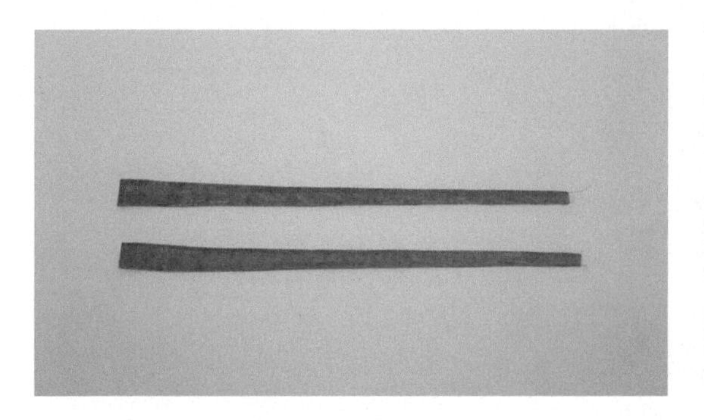

13 将外系带翻折到正面，熨烫平整。

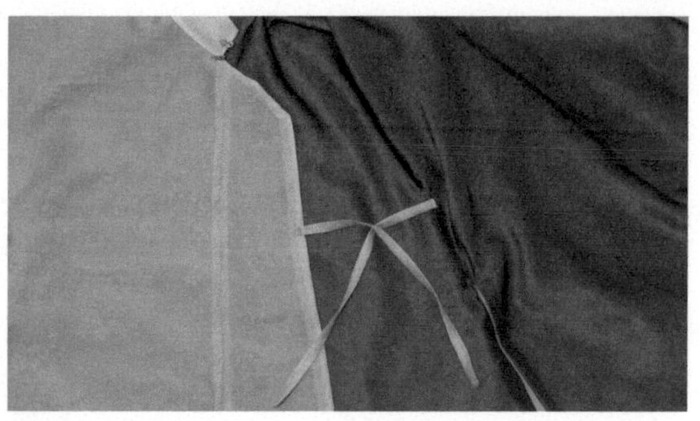

14 将一条内系带固定在腋下折角处，将另一条与之平行靠下固定。

15 将一对外系带固定在外面腋下折角处，将另一对外系带与之平行靠下固定。

16 竖领片襟长袄就制作完成了。

第6章 其他款式

本章将介绍几类特殊的服装款式，包括袍类、披风，以及汉元素的斗篷。它们的制作方法和第5章的“袄”类非常相似。

6.1 圆领袍

圆领袍是一款适合男女穿的服装，其形制参考了唐式的形制。通过改变放松量和衣服长度，能够做出男女款式。圆领袍穿着特别得体舒适，常搭配裤子。

6.1.1 款式设计和制版

本次示范制作的圆领袍，领子为圆领，由扣子来控制开合，袖子为窄袖，两侧有开衩。

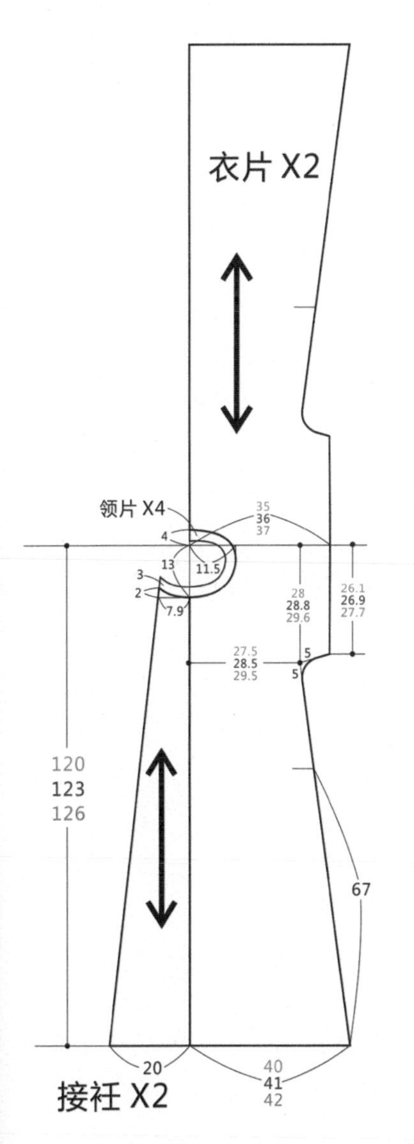

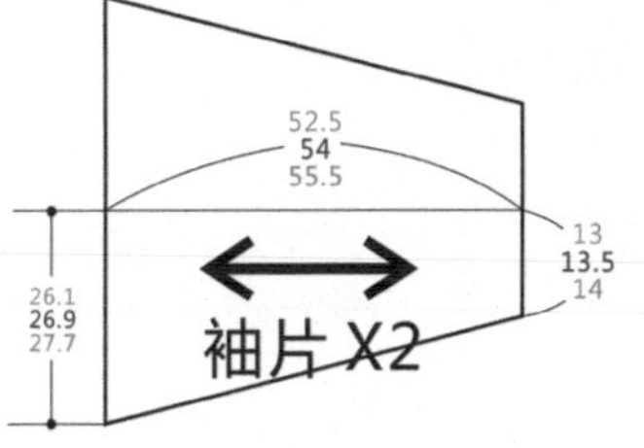

左图所示的数据为 S/M/L 三个码的制版数据。浅蓝色是 S 码的数据，蓝色是 M 码的数据，橙色是 L 码的数据，黑色是共同数据。

6.1.2 放缝、排料与裁剪

右边为排料图。图中数字为缝份数据，未标注的边的缝份都是 1.5cm。

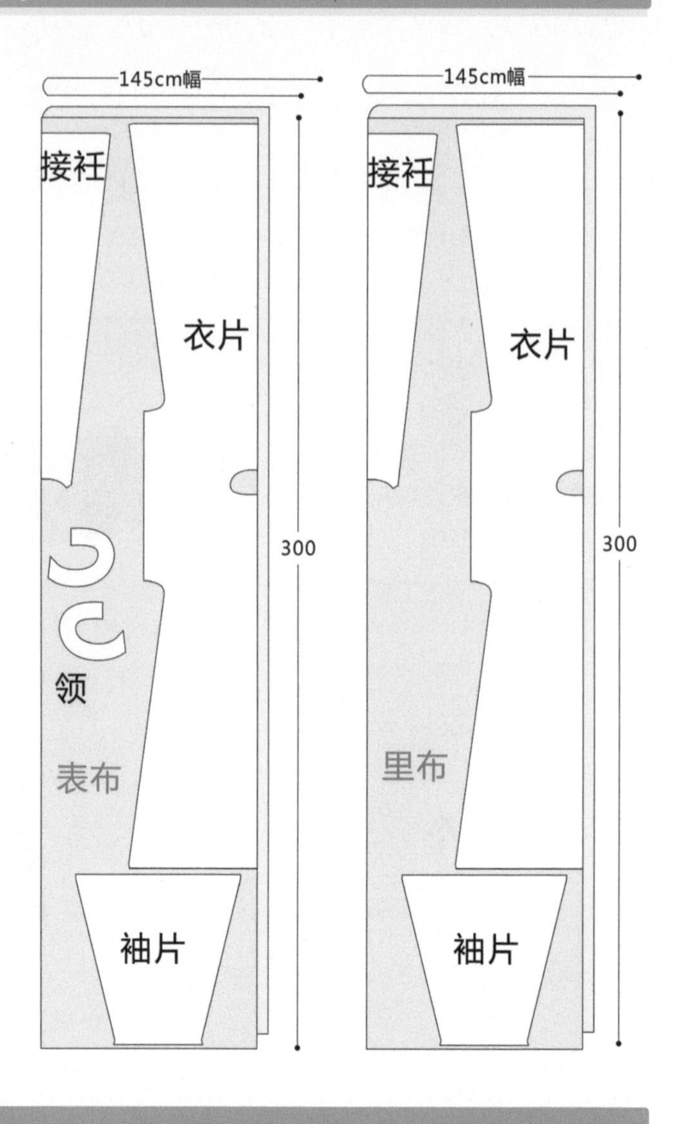

6.1.3 缝制方法

01 与交领短袄的拼接顺序一样，表布按照后中线、接衽、袖子的顺序拼接好，侧边线从袖口缝合到侧开衩位置。

02 里布的拼接顺序也一样。

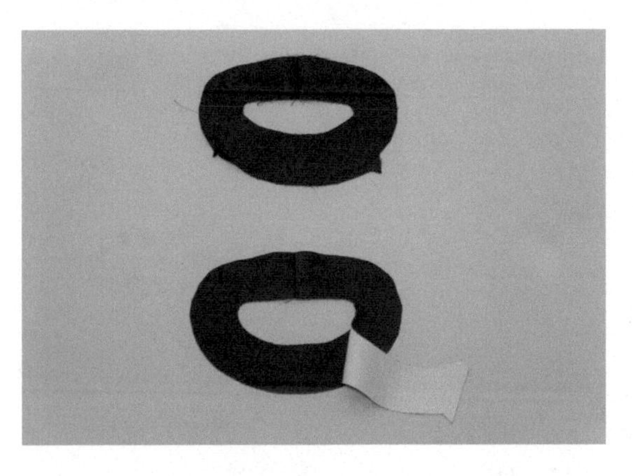

03 将领子后中缝合。

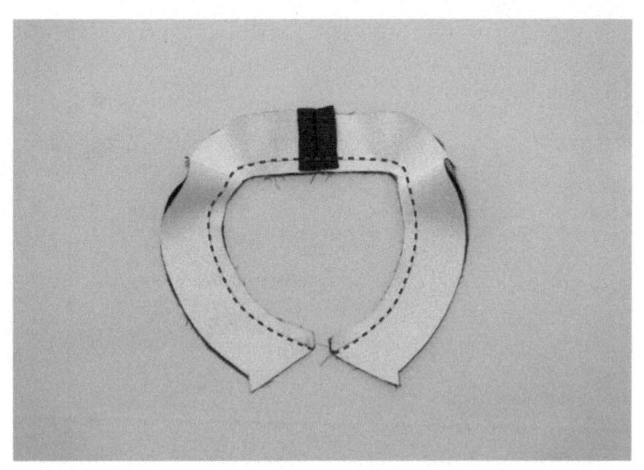

04 将前后领领口线缝合，缝合线距边缘 1.5cm。

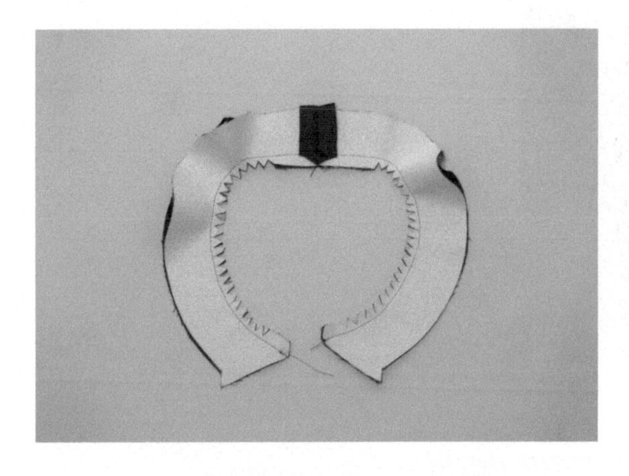

05 在缝份上剪三角形的剪口，这可以使翻折后更加圆顺。

06 将领子翻折到正面，熨烫平整。

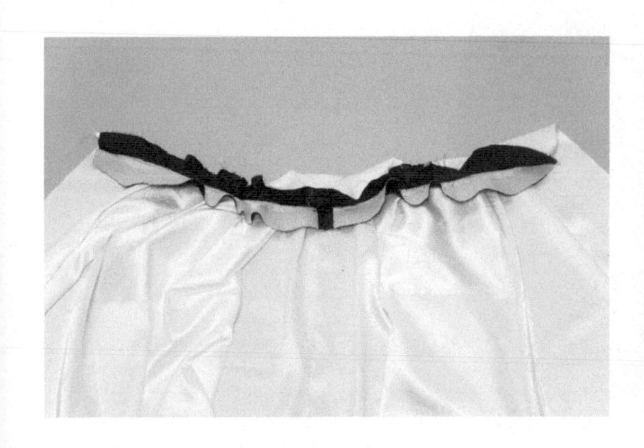

07 将领里与里布正面相对，缝合领口，缝合线距里布边缘 1.5cm。

08 将衣身表布和领子正面相对，缝合领口，缝合线距里布边缘 1.5cm。将衣身表里布正面相对，缝合接衽、底摆至开衩的位置。

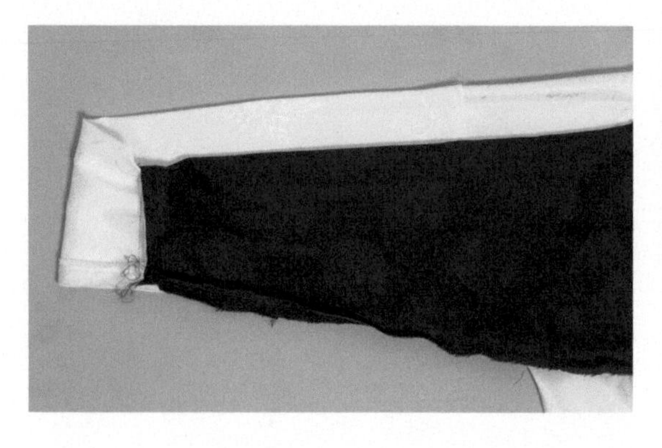

09 袖口的缝制方法也跟交领短袄的缝合方法一样。

10 将衣服翻折到正面，熨烫平整。

11 按照图示的位置缝合 2 对暗扣。

12 圆领袍就制作完成了。

6.2 直领披风

直领披风是一款明制的披风，在明制汉服中，常作为第三、第四层衣物。常搭配短袄或长袄、马面裙。

6.2.1 款式设计和制版

本次示范制作的直领披风，领子是直领，门襟是对襟，袖子是大袖，有双层布料，两侧有开衩，门襟上有1对子母扣，用于衣服的开合。

这次用的表布是绒布，比较厚重，很适合御寒。里布是真丝双绉。

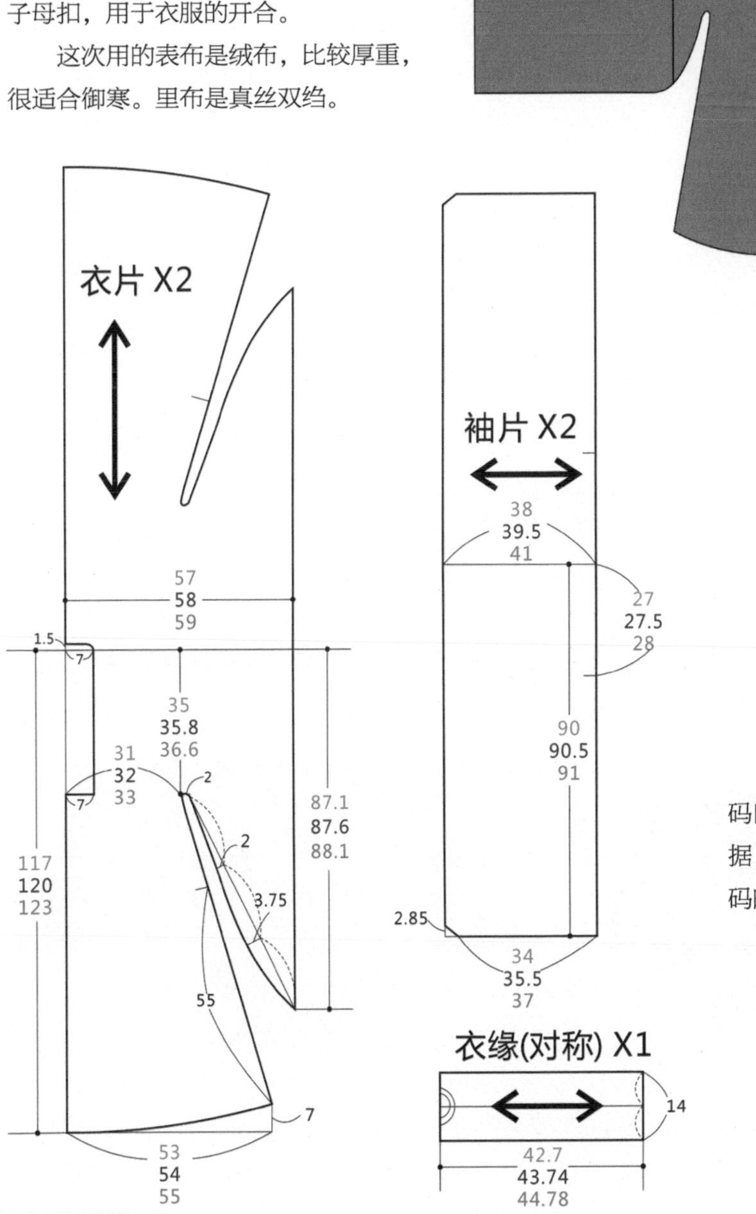

左图所示的数据为S/M/L三个码的制版数据。浅蓝色是S码的数据，蓝色是M码的数据，橙色是L码的数据，黑色是共同数据。

6.2.2 放缝、排料与裁剪

右边为排料图。图中数字为缝份数据，未标注的边的缝份都是 1.5cm。

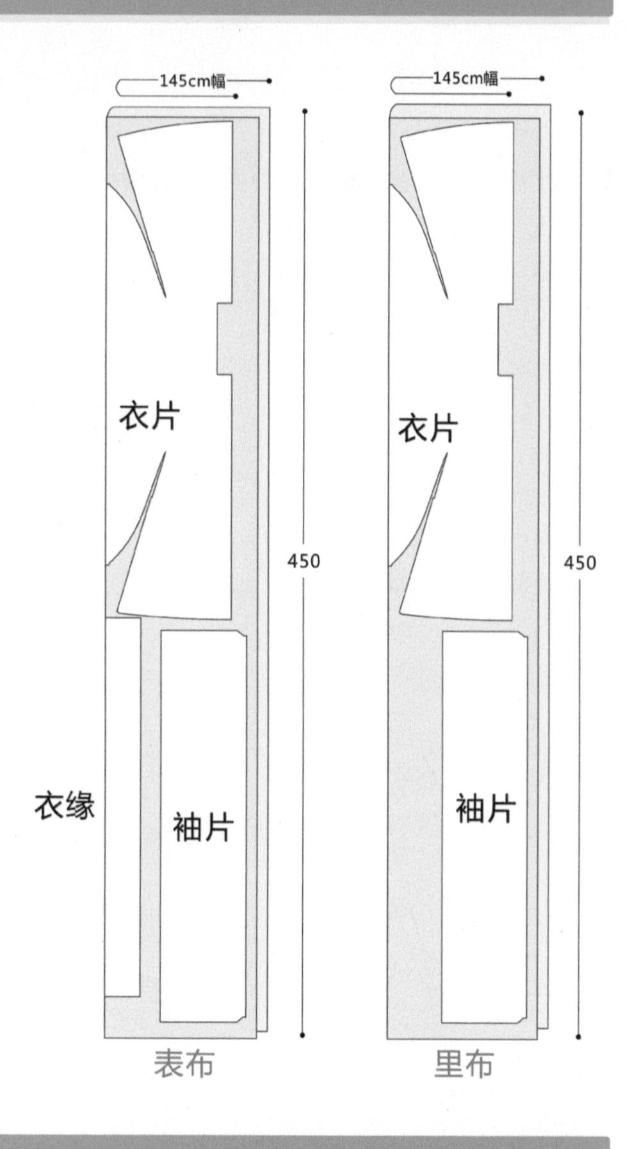

6.2.3 缝制方法

01 表布按照后中线、袖子的顺序拼接好，侧边线从袖口缝合到侧开衩位置。

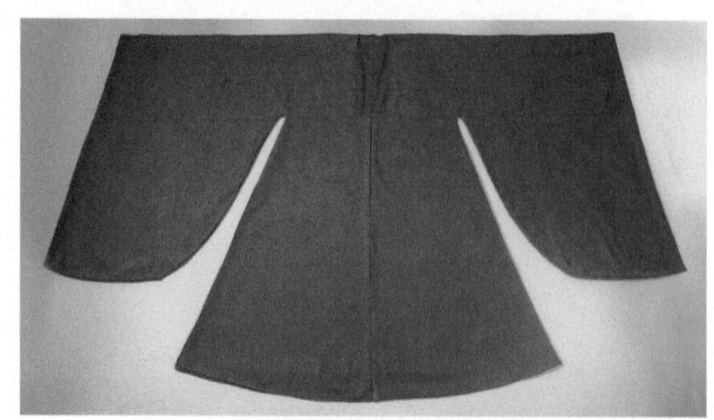

02 里布跟表布的制作方法一样，表里布的拼接方法与前述方法一样，此处不赘述。

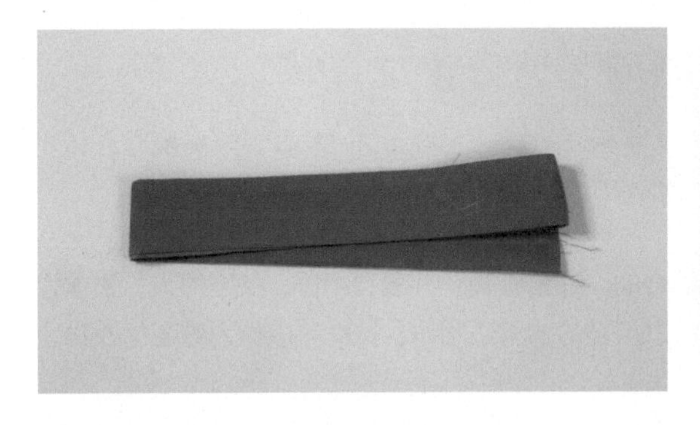

03 将衣缘折烫处理好。具体方法可参考“1.3.4 布料预处理、排料和裁剪”中“处理缘边”。

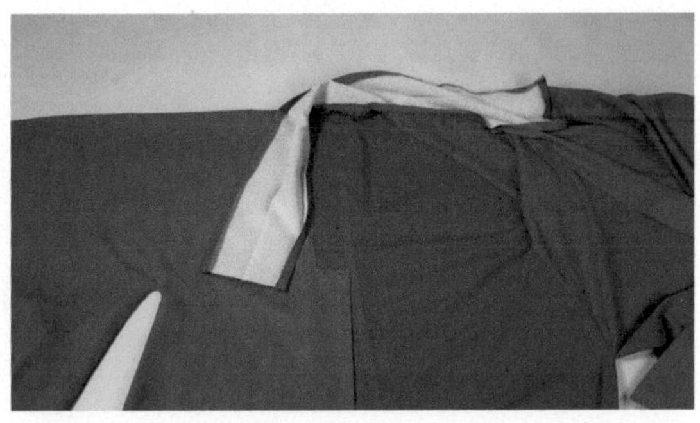

04 将衣缘与衣身正面相对，先固定衣缘弯曲处往上10cm左右的部分，然后将衣缘缝合在衣身上。具体方法可参考“1.3.4 布料预处理、排料和裁剪”中“处理上衣缘 / 腰头”。

05 手动折出折角，用暗针法缝合。

06 缝合1对子母扣。

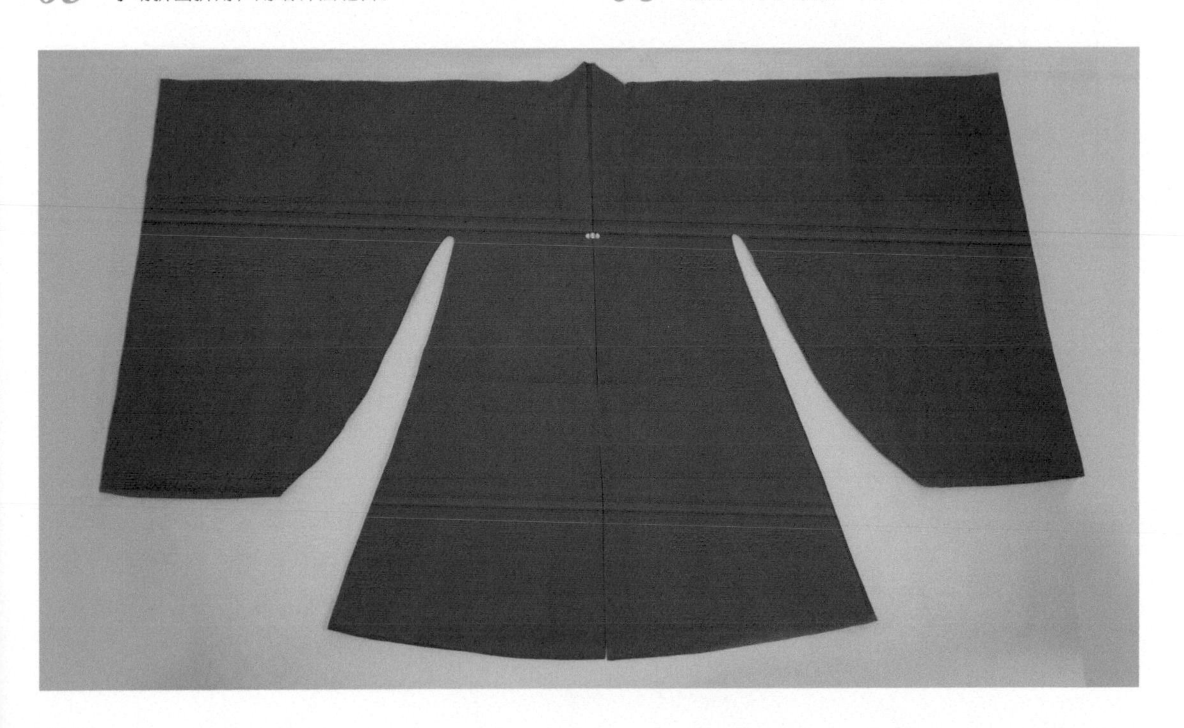

07 直领披风就制作完成了。

6.3 改良斗篷

本节制作的是一款改良斗篷，该斗篷属于中西结合的汉元素服装。斗篷有帽子，摆围很大，整体为钟形，在寒冷的冬天可作为最外面御寒的衣物。也可以用轻薄的雪纺制作，这样可以作为踏春的衣物。

6.3.1 款式设计和制版

本节示范制作的斗篷，有一个连衣的帽子，帽子由三片布料组成。斗篷整体为钟形，门襟是对襟，可以缝一对子母扣或风纪扣来控制开合。

布料有两层，表布是毛呢布料，里布是里子绸布料。

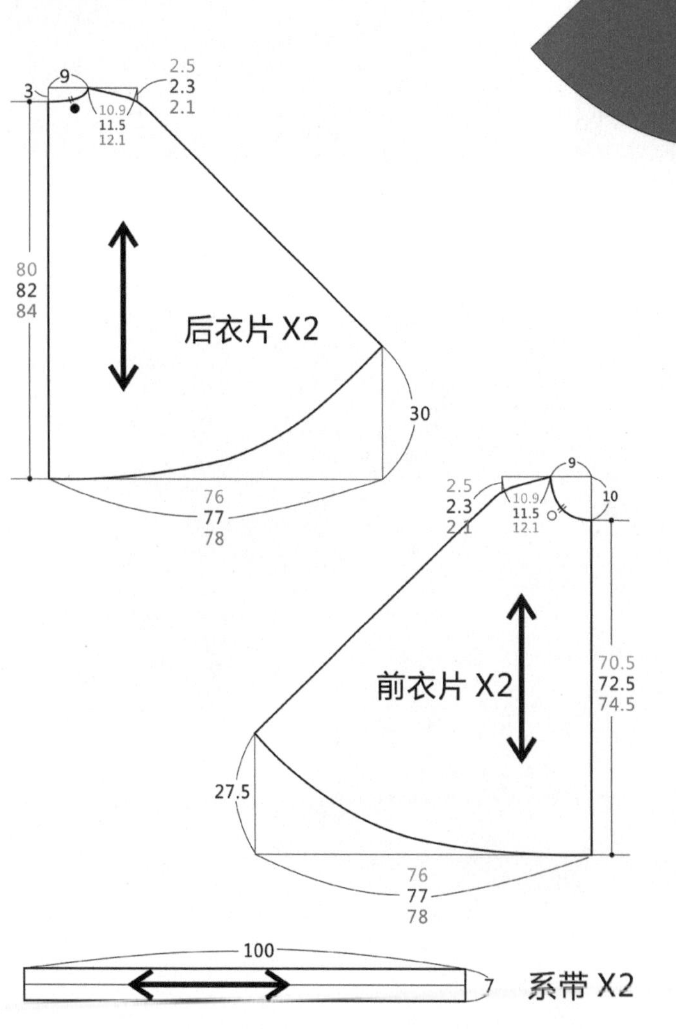

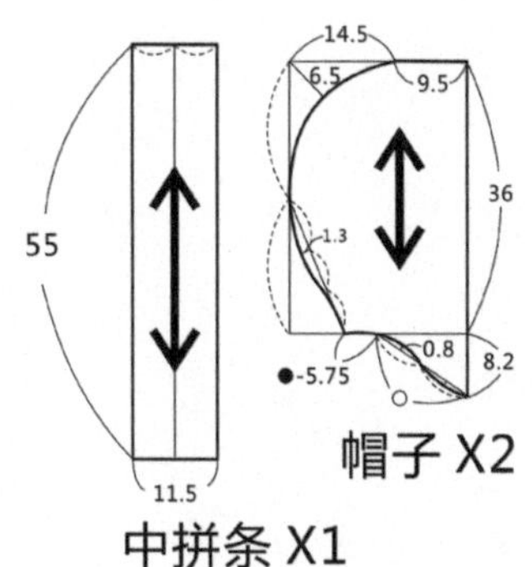

左图所示的数据为 S/M/L 三个码的制版数据。浅蓝色是 S 码的数据，蓝色是 M 码的数据，橙色是 L 码的数据，黑色是共同数据。

6.3.2 放缝、排料与裁剪

下面为排料图。图中数字为缝份数据，未标注的边的缝份都是 1.5cm。

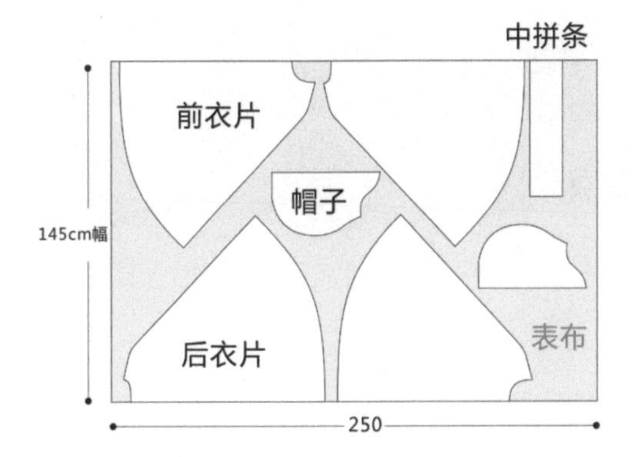

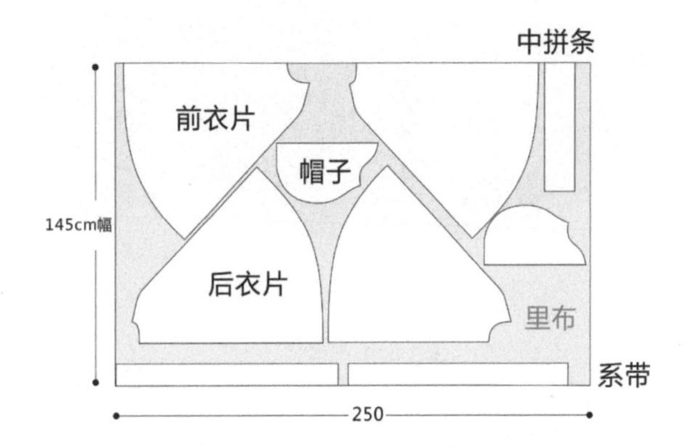

6.3.3 缝制方法

01 准备好表布和里布。

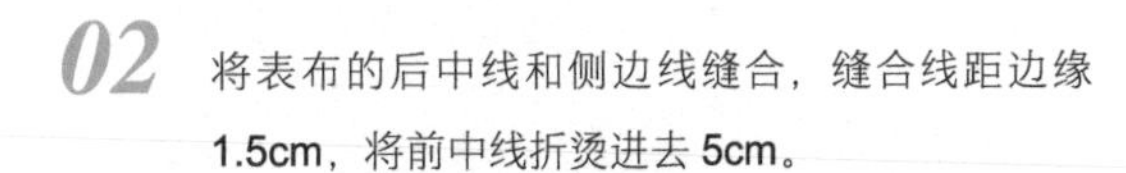

02 将表布的后中线和侧边线缝合，缝合线距边缘 1.5cm，将前中线折烫进去 5cm。

03 将里布的后中线和侧边线缝合，缝合线距边缘 1.5cm。

04 将表里布正面相对，缝合前中线，缝合线距边缘 1.5cm。

05 在底摆距边缘 1.5cm 处缝合。

06 折角处按图示处理。

07 将表里布翻折到正面，熨烫平整。

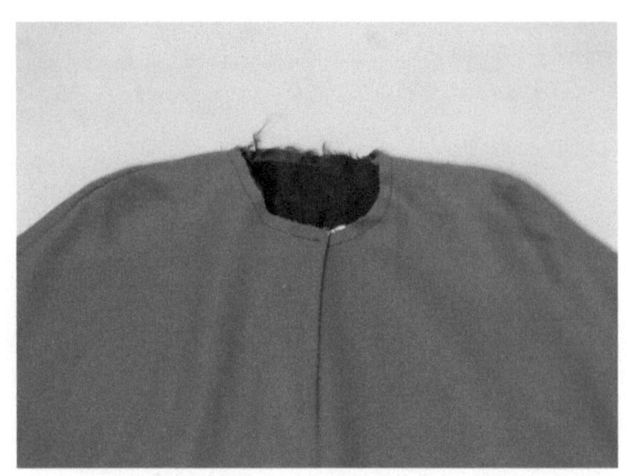

08 临时固定领口线。

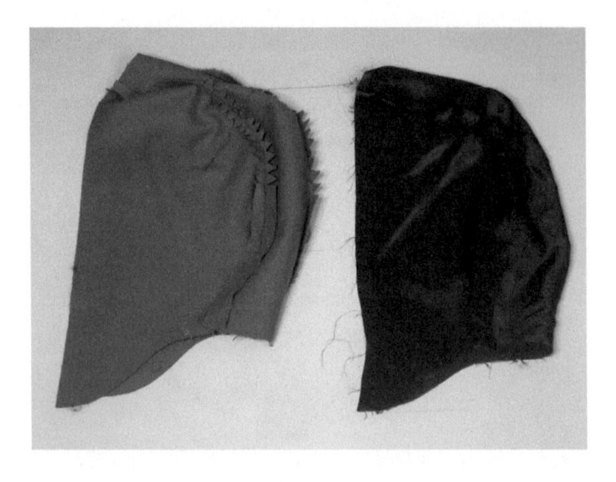

09 将帽片表里布的后面部分拼接起来。

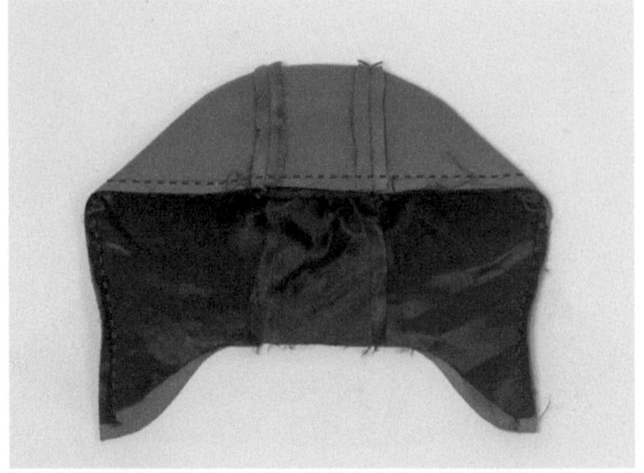

10 将帽片表里布正面相对，缝合图示红线的位置，两端留出 1.5cm 不缝。

11 将帽片表布和衣身正面相对，缝合领口线。

12 将帽片里布内折，包住缝份，用暗针法缝合固定。

13 准备两条系带。

14 将系带缝合到门襟。

15 改良斗篷就制作好了。